「기탄사고력수학」은
체계적이고 장기적인 프로그램으로
꾸준히 학습하면 반드시 성적으로 보답합니다

✿ 스몰 스텝(Small Step)방식으로 꾸준히 학습하면 성적이 올라갑니다

「기탄사고력수학」은 단순히 문제만 나열한 문제집이 아닙니다. 체계적이고 장기적인 학습프로그램을 통해 수학적 사고력과 창의력을 완성시켜 주는 스몰 스텝(Small Step)방식으로 꾸준히 학습하면 반드시 성적이 올라갑니다.

✿ 하루 3장, 10~20분씩 규칙적으로 학습하게 하세요

매일 일정 시간에 일정한 학습량을 꾸준히 재미있게 해야만 학습효과를 높일 수 있습니다. 주별로 분철하기 쉽게 제본되어 있으니, 교재를 구입하시면 먼저 분철하여 일주일 학습 분량만 자녀들에게 나누어 주세요. 그래야만 아이들이 학습 성취감과 자신감을 가질 수 있습니다.

✿ 자녀들의 수준에 알맞은 교재를 선택하세요

〈기탄사고력수학〉은 유아에서 초등학교 6학년까지, 나이와 학년에 관계없이 학습 난이도별로 자신의 능력에 맞는 단계를 선택하여 시작하는 능력별 교재입니다. 그러나 자녀의 수준보다 1~2단계 낮춘 교재부터 시작하면 학습에 더욱 자신감을 갖게 되어 효과적입니다.

교재 구분	교재 구성	대 상
A단계 교재	1, 2, 3, 4집	4세 ~ 5세 아동
B단계 교재	1, 2, 3, 4집	5세 ~ 6세 아동
C단계 교재	1, 2, 3, 4집	6세 ~ 7세 아동
D단계 교재	1, 2, 3, 4집	7세 ~ 초등학교 1학년
E단계 교재	1, 2, 3, 4, 5, 6집	초등학교 1학년
F단계 교재	1, 2, 3, 4, 5, 6집	초등학교 2학년
G단계 교재	1, 2, 3, 4, 5, 6집	초등학교 3학년
H단계 교재	1, 2, 3, 4, 5, 6집	초등학교 4학년
I 단계 교재	1, 2, 3, 4, 5, 6집	초등학교 5학년
J단계 교재	1, 2, 3, 4, 5, 6집	초등학교 6학년

「기탄사고력수학」으로
수학 성적 올리는 일등비법을 공개합니다

✳ 문제를 먼저 풀어 주지 마세요

기탄사고력수학은 직관(전체 감지)을 논리(이론과 구체 연결)로 발전시켜 답을 구하도록 구성되었습니다. 쉽게 문제를 풀지 못하더라도 노력하는 과정에서 더 많은 것을 얻을 수 있으니, 약간의 힌트 외에는 자녀가 스스로 끝까지 문제를 풀어 나갈 수 있도록 격려해 주세요.

✳ 교재는 이렇게 활용하세요

먼저 자녀들의 능력에 맞는 교재를 선택하세요. 그리고 일주일 분량씩 분철하여 매일 3장씩 풀 수 있도록 해 주세요. 한꺼번에 많은 양의 교재를 주시면 어린이가 부담을 느껴서 학습을 미루거나 포기하기 쉽습니다. 적당한 양을 매일매일 학습하도록 하여 수학 공부하는 재미를 느낄 수 있도록 해 주세요.

✳ 교재 학습 과정을 꼭 지켜 주세요

한 주 학습이 끝날 때마다 창의력 문제와 경시 대회 예상 문제를 꼭 풀고 넘어가도록 해 주시고, 한 권(한 달 과정)이 끝나면 성취도 테스트와 종료 테스트를 통해 스스로 실력을 가늠해 볼 수 있도록 도와 주세요. 문제를 다 풀면 반드시 해답지를 이용하여 정확하게 채점해 주시고, 틀린 문제를 체크해 놓았다가 다음에는 확실히 풀 수 있도록 지도해 주세요.

✳ 자녀의 학습 관리를 게을리 하지 마세요

수학적 사고는 하루 아침에 생겨나는 것이 아닙니다. 날마다 꾸준히 규칙적으로 학습해 나갈 때에만 비로소 수학적 사고의 기틀이 마련되는 것입니다. 교육은 사랑입니다. 자녀가 학습한 부분을 어머니께서 꼭 확인하시면서 사랑으로 돌봐 주세요. 부모님의 관심 속에서 자란 아이들만이 성적 향상은 물론 이 사회에서 꼭 필요한 인격체로 성장해 나갈 수 있다는 것도 잊지 마세요.

기탄사고력수학 교재별 학습 내용

A 단계 교재

A - ❶ 교재	A - ❷ 교재
나와 가족에 대하여 알기 바른 행동 알기 다양한 선 그리기 다양한 사물 색칠하기 ○△□ 알기 똑같은 것 찾기 빠진 것 찾기 종류가 같은 것과 다른 것 찾기 관찰력, 논리력, 사고력 키우기	필요한 물건 찾기 관계 있는 것 찾기 다양한 기준에 따라 분류하기 (종류, 용도, 모양, 색깔, 재질, 계절, 성질 등) 두 가지 기준에 따라 분류하기 다섯까지 세기 변별력 키우기 미로 통과하기
A - ❸ 교재	**A - ❹ 교재**
다양한 기준으로 비교하기 (길이, 높이, 양, 무게, 크기, 두께, 넓이, 속도, 깊이 등) 시간의 순서 비교하기 반대 개념 알기 3까지의 숫자 배우기 그림 퍼즐 맞추기 미로 통과하기	최상급 개념 알기 다양한 기준으로 순서 짓기 (크기, 시간, 길이, 두께 등) 네 가지 이상 비교하기 이중 서열 알기 ABAB, ABCABC의 규칙성 알기 다양한 규칙 이해하기 부분과 전체 알기 5까지의 숫자 배우기 일대일 대응, 일대다 대응 알기 미로 통과하기

B 단계 교재

B - ❶ 교재	B - ❷ 교재
열까지 세기 9까지의 숫자 배우기 사물의 기본 모양 알기 모양 구성하기 모양 나누기와 합치기 같은 모양, 짝이 되는 모양 찾기 위치 개념 알기 (위, 아래, 앞, 뒤) 위치 파악하기	9까지의 수량, 수 단어, 숫자 연결하기 구체물을 이용한 수 익히기 반구체물을 이용한 수 익히기 위치 개념 알기 (안, 밖, 왼쪽, 가운데, 오른쪽) 다양한 위치 개념 알기 시간 개념 알기 (낮, 밤) 구체물을 이용한 수와 양의 개념 알기 (같다, 많다, 적다)
B - ❸ 교재	**B - ❹ 교재**
순서대로 숫자 쓰기 거꾸로 숫자 쓰기 1 큰 수와 2 큰 수 알기 1 작은 수와 2 작은 수 알기 반구체물을 이용한 수와 양의 개념 알기 보존 개념 익히기 여러 가지 단위 배우기	순서수 알기 사물의 입체 모양 알기 입체 모양 나누기 두 수의 크기 비교하기 여러 수의 크기 비교하기 0의 개념 알기 0부터 9까지의 수 익히기

C 단계 교재

C - ❶ 교재	C - ❷ 교재
구체물을 통한 수 가르기 반구체물을 통한 수 가르기 숫자를 도입한 수 가르기 구체물을 통한 수 모으기 반구체물을 통한 수 모으기 숫자를 도입한 수 모으기	수 가르기와 모으기 여러 가지 방법으로 수 가르기 수 모으고 다시 수 가르기 수 가르고 다시 수 모으기 더해 보기 세로로 더해 보기 빼 보기 세로로 빼 보기 더해 보기와 빼 보기 바꾸어서 셈하기
C - ❸ 교재	**C - ❹ 교재**
길이 측정하기 높이 측정하기 넓이 측정하기 크기 측정하기 둘레 측정하기 무게 측정하기 부피 측정하기 들이 측정하기 활동 시간 알아보기 시간의 순서 알아보기 여러 가지 측정하기	열 개 열 개 만들어 보기 열 개 묶어 보기 자리 알아보기 수 '10' 알아보기 10의 크기 알아보기 더하여 10이 되는 수 알아보기 열다섯까지 세어 보기 스물까지 세어 보기

D 단계 교재

D - ❶ 교재	D - ❷ 교재
수 11~20 알기 11~20까지의 수 알기 30까지의 수 알아보기 자릿값을 이용하여 30까지의 수 나타내기 40까지의 수 알아보기 자릿값을 이용하여 40까지의 수 나타내기 자릿값을 이용하여 50까지의 수 나타내기 50까지의 수 알아보기	상자 모양, 공 모양, 둥근기둥 모양 알아보기 공간 위치 알아보기 입체도형으로 모양 만들기 여러 방향에서 본 모습 관찰하기 평면도형 알아보기 선대칭 모양 알아보기 모양 만들기와 탱그램
D - ❸ 교재	**D - ❹ 교재**
덧셈 이해하기 10이 되는 더하기 여러 가지로 더해 보기 덧셈 익히기 뺄셈 이해하기 10에서 빼기 여러 가지로 빼 보기 뺄셈 익히기	조사하여 기록하기 그래프의 이해 그래프의 활용 분수의 이해 시간 느끼기 사건의 순서 알기 소요 시간 알아보기 달력 보기 시계 보기 활동한 시간 알기

기탄 사고력수학 교재별 학습 내용

E 단계 교재

E - ❶ 교재	E - ❷ 교재	E - ❸ 교재
사물의 개수를 세어 보고 1, 2, 3, 4, 5 알아보기 0의 개념과 0~5까지의 수의 순서 알기 하나 더 많다, 적다의 개념 알기 두 수의 크기 비교하기 사물의 개수를 세어 보고 6, 7, 8, 9 알아보기 0~9까지의 수의 순서 알기 하나 더 많다, 적다의 개념 알기 두 수의 크기 비교하기 여러 가지 모양 알아보기, 찾아보기, 만들어 보기 규칙 찾기	두 수로 가르기 두 수를 모으기 가르기와 모으기 덧셈식 알아보기 뺄셈식 알아보기 길이 비교해 보기 높이 비교해 보기 들이 비교해 보기 무게 비교해 보기 넓이 비교해 보기	수 10(십) 알아보기 19까지의 수 알아보기 몇십과 몇십 몇 알아보기 물건의 수 세기 50까지 수의 순서 알아보기 두 수의 크기 비교하기 분류하기 분류하여 세어 보기

E - ❹ 교재	E - ❺ 교재	E - ❻ 교재
수 60, 70, 80, 90 99까지의 수 수의 순서 두 수의 크기 비교 여러 가지 모양 알아보기, 찾아보기 여러 가지 모양 만들기, 그리기 규칙 찾기 10을 두 수로 가르기 100이 되도록 두 수를 모으기	100이 되는 더하기 10에서 빼기 세 수의 덧셈과 뺄셈 (몇십)+(몇), (몇십 몇)+(몇), (몇십 몇)+(몇십 몇) (몇십 몇)−(몇), (몇십 몇)−(몇십 몇) 긴바늘, 짧은바늘 알아보기 몇 시 알아보기 몇 시 30분 알아보기	세 수의 덧셈 받아올림이 있는 (몇)+(몇) 받아내림이 있는 (십 몇)−(몇) 세 수의 계산 덧셈식, 뺄셈식 만들기 □가 있는 덧셈식, 뺄셈식 만들기 여러 가지 방법으로 해결하기

F 단계 교재

F - ❶ 교재	F - ❷ 교재	F - ❸ 교재
백(100)과 몇백(200, 300, ……)의 개념 이해 세 자리 수와 뛰어 세기의 이해 세 자리 수의 크기 비교 받아올림이 있는 (두 자리 수)+(한 자리 수)의 계산 받아내림이 있는 (두 자리 수)−(한 자리 수)의 계산 세 수의 덧셈과 뺄셈 선분과 직선의 차이 이해 사각형, 삼각형, 원 등의 여러 가지 모양 쌓기나무로 똑같이 쌓아 보고 여러 가지 모양 만들기 배열 순서에 따라 규칙 찾아내기	받아올림이 있는 (두 자리 수)+(두 자리 수)의 계산 받아내림이 있는 (두 자리 수)−(두 자리 수)의 계산 여러 가지 방법으로 계산하고 세 수의 혼합 계산 길이 비교와 단위길이의 비교 길이의 단위(cm) 알기 길이 재기와 길이 어림하기 어떤 수를 □로 나타내기 덧셈식·뺄셈식에서 □의 값 구하기 어떤 수를 구하는 식 만들기 식에 알맞은 문제 만들기	시각 읽기 시각과 시간의 차이 알기 하루의 시간 알기 달력을 보며 1년 알기 몇 시 몇 분 전 알기 반 시간 알기 묶어 세기 몇 배 알아보기 더하기를 곱하기로 나타내기 덧셈식과 곱셈식으로 나타내기

F - ❹ 교재	F - ❺ 교재	F - ❻ 교재
2~9의 단 곱셈구구 익히기 1의 단 곱셈구구와 0의 곱 곱셈표에서 규칙 찾기 받아올림이 없는 세 자리 수의 덧셈 받아내림이 없는 세 자리 수의 뺄셈 여러 가지 방법으로 계산하기 미터(m)와 센티미터(cm) 길이 재기 길이 어림하기 길이의 합과 차	받아올림이 있는 세 자리 수의 덧셈 받아내림이 있는 세 자리 수의 뺄셈 여러 가지 방법으로 덧셈·뺄셈하기 세 수의 혼합 계산 똑같이 나누기 전체와 부분의 크기 분수의 쓰기와 읽기 분수만큼 색칠하고 분수로 나타내기 표와 그래프로 나타내기 조사하여 표와 그래프로 나타내기	□가 있는 곱셈식을 만들어 문제 해결하기 규칙을 찾아 문제 해결하기 거꾸로 생각하여 문제 해결하기

단계 교재

G – ❶ 교재	G – ❷ 교재	G – ❸ 교재
1000의 개념 알기 몇천, 네 자리 수 알기 수의 자릿값 알기 뛰어 세기, 두 수의 크기 비교 세 자리 수의 덧셈 덧셈의 여러 가지 방법 세 자리 수의 뺄셈 뺄셈의 여러 가지 방법 각과 직각의 이해 직각삼각형, 직사각형, 정사각형의 이해	똑같이 묶어 덜어 내기와 똑같게 나누기 나눗셈의 몫 곱셈과 나눗셈의 관계 나눗셈의 몫을 구하는 방법 나눗셈의 세로 형식 곱셈을 활용하여 나눗셈의 몫 구하기 평면도형 밀기, 뒤집기, 돌리기 평면도형 뒤집고 돌리기 (몇십)×(몇)의 계산 (두 자리 수)×(한 자리 수)의 계산	분수만큼 알기와 분수로 나타내기 몇 개인지 알기 분수의 크기 비교 mm 단위를 알기와 mm 단위까지 길이 재기 km 단위를 알기 km, m, cm, mm의 단위가 있는 길이의 합과 차 구하기 시각과 시간의 개념 알기 1초의 개념 알기 시간의 합과 차 구하기
G – ❹ 교재	**G – ❺ 교재**	**G – ❻ 교재**
(네 자리 수)+(세 자리 수) (네 자리 수)+(네 자리 수) (네 자리 수)−(세 자리 수) (네 자리 수)−(네 자리 수) 세 수의 덧셈과 뺄셈 (세 자리 수)×(한 자리 수) (몇십)×(몇십) / (두 자리 수)×(몇십) (두 자리 수)×(두 자리 수) 원의 중심과 반지름 / 그리기 / 지름 / 성질	(몇십)÷(몇) 내림이 없는 (몇십 몇)÷(몇) 나눗셈의 몫과 나머지 나눗셈식의 검산 / (몇십 몇)÷(몇) 들이 / 들이의 단위 들이의 어림하기와 합과 차 무게 / 무게의 단위 무게의 어림하기와 합과 차 0.1 / 소수 알아보기 소수의 크기 비교하기	막대그래프 막대그래프 그리기 그림그래프 그림그래프 그리기 알맞은 그래프로 나타내기 규칙을 정해 무늬 꾸미기 규칙을 찾아 문제 해결 표를 만들어서 문제 해결 예상과 확인으로 문제 해결

단계 교재

H – ❶ 교재	H – ❷ 교재	H – ❸ 교재
만 / 다섯 자리 수 / 십만, 백만, 천만 억 / 조 / 큰 수 뛰어서 세기 두 수의 크기 비교 100, 1000, 10000, 몇백, 몇천의 곱 (세,네 자리 수)×(두 자리 수) 세 수의 곱셈 / 몇십으로 나누기 (두,세 자리 수)÷(두 자리 수) 각의 크기 / 각 그리기 / 각도의 합과 차 삼각형의 세 각의 크기의 합 사각형의 네 각의 크기의 합	이등변삼각형 / 이등변삼각형의 성질 정삼각형 / 예각과 둔각 예각삼각형 / 둔각삼각형 덧셈, 뺄셈 또는 곱셈, 나눗셈이 섞여 있는 혼합 계산 덧셈, 뺄셈, 곱셈, 나눗셈이 섞여 있는 혼합 계산 ( ), { }가 있는 혼합 계산 분수와 진분수 / 가분수와 대분수 대분수를 가분수로, 가분수를 대분수로 나타내기 분모가 같은 분수의 크기 비교	소수 소수 두 자리 수 소수 세 자리 수 소수 사이의 관계 소수의 크기 비교 규칙을 찾아 수로 나타내기 규칙을 찾아 글로 나타내기 새로운 무늬 만들기
H – ❹ 교재	**H – ❺ 교재**	**H – ❻ 교재**
분모가 같은 진분수의 덧셈 분모가 같은 대분수의 덧셈 분모가 같은 진분수의 뺄셈 분모가 같은 대분수의 뺄셈 분모가 같은 대분수와 진분수의 덧셈과 뺄셈 소수의 덧셈 / 소수의 뺄셈 수직과 수선 / 수선 긋기 평행선 / 평행선 긋기 평행선 사이의 거리	사다리꼴 / 평행사변형 / 마름모 직사각형과 정사각형의 성질 다각형과 정다각형 / 대각선 여러 가지 모양 만들기 여러 가지 모양으로 덮기 직사각형과 정사각형의 둘레 1cm² / 직사각형과 정사각형의 넓이 여러 가지 도형의 넓이 이상과 이하 / 초과와 미만 / 수의 범위 올림과 버림 / 반올림 / 어림의 활용	꺾은선그래프 꺾은선그래프 그리기 물결선을 사용한 꺾은선그래프 물결선을 사용한 꺾은선그래프 그리기 알맞은 그래프로 나타내기 꺾은선그래프의 활용 두 수 사이의 관계 두 수 사이의 관계를 식으로 나타내기 문제를 해결하고 풀이 과정을 설명하기

기탄초력수학 교재별 학습 내용

I 단계 교재

I - ❶ 교재

약수 / 배수 / 배수와 약수의 관계
공약수와 최대공약수
공배수와 최소공배수
크기가 같은 분수 알기
크기가 같은 분수 만들기
분수의 약분 / 분수의 통분
분수의 크기 비교 / 진분수의 덧셈
대분수의 덧셈 / 진분수의 뺄셈
대분수의 뺄셈 / 세 분수의 덧셈과 뺄셈

I - ❷ 교재

세 분수의 덧셈과 뺄셈
(진분수)×(자연수) / (대분수)×(자연수)
(자연수)×(진분수) / (자연수)×(대분수)
(단위분수)×(단위분수)
(진분수)×(진분수) / (대분수)×(대분수)
세 분수의 곱셈 / 합동인 도형의 성질
합동인 삼각형 그리기
면, 모서리, 꼭짓점
직육면체와 정육면체
직육면체의 성질 / 겨냥도 / 전개도

I - ❸ 교재

평행사변형의 넓이
삼각형의 넓이
사다리꼴의 넓이
마름모의 넓이
넓이의 단위 m^2, a
넓이의 단위 ha, km^2
넓이의 단위 관계
무게의 단위

I - ❹ 교재

분수와 소수의 관계
분수를 소수로, 소수를 분수로 나타내기
분수와 소수의 크기 비교
1÷(자연수)를 곱셈으로 나타내기
(자연수)÷(자연수)를 곱셈으로 나타내기
(진분수)÷(자연수) / (가분수)÷(자연수)
(대분수)÷(자연수)
분수와 자연수의 혼합 계산
선대칭도형/선대칭의 위치에 있는 도형
점대칭도형/점대칭의 위치에 있는 도형

I - ❺ 교재

(소수)×(자연수) / (자연수)×(소수)
곱의 소수점의 위치
(소수)×(소수)
소수의 곱셈
(소수)÷(자연수)
(자연수)÷(자연수)
줄기와 잎 그림
그림그래프
평균
자료를 그래프로 나타내고 설명하기

I - ❻ 교재

두 수의 크기 비교
비율
백분율
할푼리
실제로 해 보기와 표 만들기
그림 그리기와 식 만들기
예상하고 확인하기와 표 만들기
실제로 해 보기와 규칙 찾기

J 단계 교재

J - ❶ 교재

(자연수)÷(단위분수)
분모가 같은 진분수끼리의 나눗셈
분모가 다른 진분수끼리의 나눗셈
(자연수)÷(진분수) / 대분수의 나눗셈
분수의 나눗셈 활용하기
소수의 나눗셈 / (자연수)÷(소수)
소수의 나눗셈에서 나머지
반올림한 몫
입체도형과 각기둥 / 각뿔
각기둥의 전개도 / 각뿔의 전개도

J - ❷ 교재

쌓기나무의 개수
쌓기나무의 각 자리, 각 층별로 나누어
개수 구하기
규칙 찾기
쌓기나무로 만든 것, 여러 가지 입체도형,
여러 가지 생활 속 건축물의 위, 앞, 옆
에서 본 모양
원주와 원주율 / 원의 넓이
띠그래프 알기 / 띠그래프 그리기
원그래프 알기 / 원그래프 그리기

J - ❸ 교재

비례식
비의 성질
가장 작은 자연수의 비로 나타내기
비례식의 성질
비례식의 활용
연비
두 비의 관계를 연비로 나타내기
연비의 성질
비례배분
연비로 비례배분

J - ❹ 교재

(소수)÷(분수) / (분수)÷(소수)
분수와 소수의 혼합 계산
원기둥 / 원기둥의 전개도
원뿔
회전체 / 회전체의 단면
직육면체와 정육면체의 겉넓이
부피의 비교 / 부피의 단위
직육면체와 정육면체의 부피
부피의 큰 단위
부피와 들이 사이의 관계

J - ❺ 교재

원기둥의 겉넓이
원기둥의 부피
경우의 수
순서가 있는 경우의 수
여러 가지 경우의 수
확률
미지수를 x로 나타내기
등식 알기 / 방정식 알기
등식의 성질을 이용하여 방정식 풀기
방정식의 활용

J - ❻ 교재

두 수 사이의 대응 관계 / 정비례
정비례를 활용하여 생활 문제 해결하기
반비례
반비례를 활용하여 생활 문제 해결하기
그림을 그리거나 식을 세워 문제 해결하기
거꾸로 생각하거나 식을 세워 문제 해결하기
표를 작성하거나 예상과 확인을 통하여
문제 해결하기
여러 가지 방법으로 문제 해결하기
새로운 문제를 만들어 풀어 보기

학습 관리표

학습 내용		이번 주는?
나눗셈	· (몇십)÷(몇) · 내림이 없는 (몇십 몇)÷(몇) · 나눗셈의 몫과 나머지 · 나눗셈의 검산 · 내림이 있고 나머지가 없는 (몇십 몇)÷(몇) · 내림이 있고 나머지가 있는 (몇십 몇)÷(몇) · 창의력 학습 · 경시대회 예상문제	• 학습 방법 : ① 매일매일　② 가끔　③ 한꺼번에 　　　　　하였습니다. • 학습 태도 : ① 스스로 잘　② 시켜서 억지로 　　　　　하였습니다. • 학습 흥미 : ① 재미있게　② 싫증내며 　　　　　하였습니다. • 교재 내용 : ① 적합하다고　② 어렵다고　③ 쉽다고 　　　　　하였습니다.

지도 교사가 부모님께	부모님이 지도 교사께

평가	Ⓐ 아주 잘함　　　Ⓑ 잘함　　　Ⓒ 보통　　　Ⓓ 부족함

원(교)　　　　반　　이름　　　　　전화

기초부터 탄탄하게
기탄교육
www.gitan.co.kr / (02)586-1007(대)

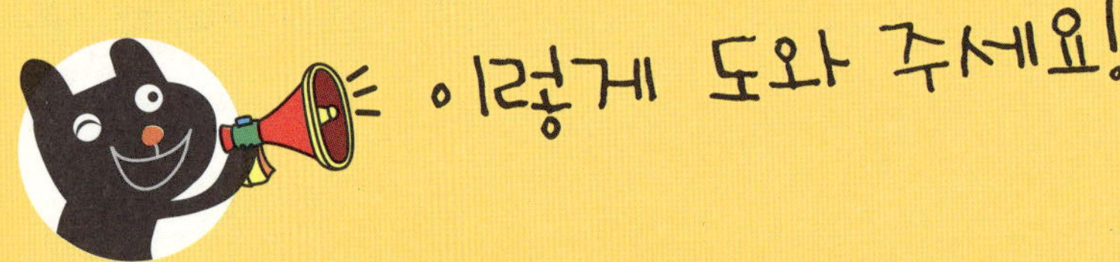

● 학습 목표

- (몇십)÷(몇)의 계산 원리와 방법을 이해하고 계산할 수 있습니다.
- 내림이 없고 나머지가 없는 (몇십 몇)÷(몇)의 계산 원리와 방법을 이해하고 계산할 수 있습니다.
- 나눗셈의 몫과 나머지를 이해하고 계산할 수 있습니다.
- 나눗셈식을 검산할 수 있습니다.
- 내림이 있고 나머지가 없는 (몇십 몇)÷(몇)의 계산 원리와 방법을 이해하고 계산할 수 있습니다.
- 내림이 있고 나머지가 있는 (몇십 몇)÷(몇)의 계산 원리와 방법을 이해하고 계산할 수 있습니다.

● 지도 내용

- (몇십)÷(몇)의 계산 원리와 방법을 이해하고 계산해 봅니다.
- (몇십 몇)÷(몇)의 계산 원리와 방법을 이해하고 계산해 봅니다.
- 나눗셈의 몫과 나머지를 이해하고 계산해 봅니다.
- 나눗셈식의 검산을 이해하고 계산해 봅니다.
- 내림이 있고 나머지가 없는 (몇십 몇)÷(몇)의 계산 원리와 방법을 이해하고 계산해 봅니다.
- 내림이 있고 나머지가 있는 (몇십 몇)÷(몇)의 계산 원리와 방법을 이해하고 계산해 봅니다.

● 지도 요점

나머지가 있는 (두 자리 수)÷(한 자리 수)의 계산을 능숙하게 하고 몫과 나머지의 관계를 실생활의 예를 통하여 이해하게 합니다. 다루는 수가 확장되더라도 나눗셈의 계산 절차는 마찬가지라는 점을 깨달을 수 있도록 지도합니다. 곱셈과 나눗셈의 역연산 관계도 알아보고, 이를 활용하여 검산을 할 수 있도록 지도합니다.

◆ (몇십)÷(몇)의 계산(1) ◆

1 수 모형을 보고 □ 안에 알맞은 수를 써넣으시오.

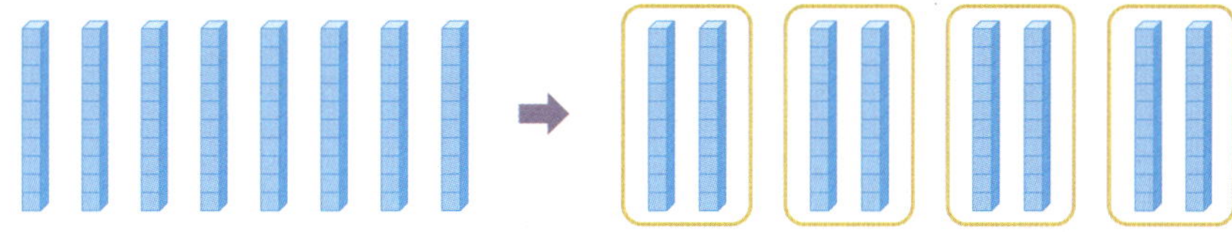

$$80 \div 4 = \boxed{}$$

🐸 □ 안에 알맞은 수를 써넣으시오. [2~4]

2 $3 \div 3 = \boxed{}$　➡　$30 \div 3 = \boxed{}$

3 $6 \div 2 = \boxed{}$　➡　$60 \div 2 = \boxed{}$

4 $9 \div 3 = \boxed{}$　➡　$90 \div 3 = \boxed{}$

사고력 학습

G-241b

 ☐ 안에 알맞은 수를 써넣으시오. [5~14]

5 40÷2=☐

6 50÷5=☐

7 60÷3=☐

8 80÷2=☐

9 70÷7=☐

10 60÷6=☐

11 40÷4=☐

12 20÷2=☐

13 80÷8=☐

14 90÷9=☐

사고력 학습

◆ (몇십)÷(몇)의 계산(2) ◆

🐸 빈 곳에 알맞은 수를 써넣으시오. [1~2]

1

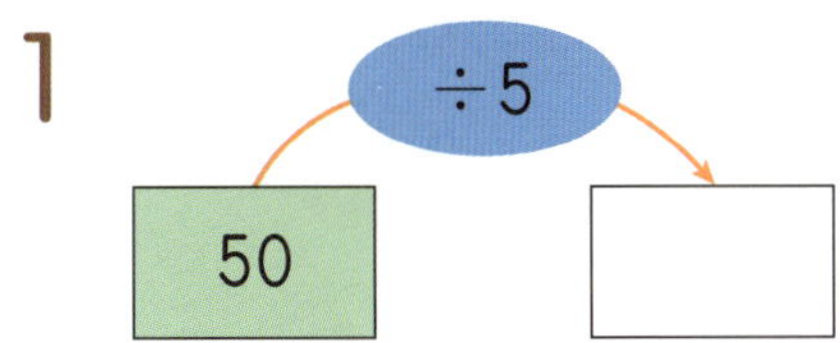

2

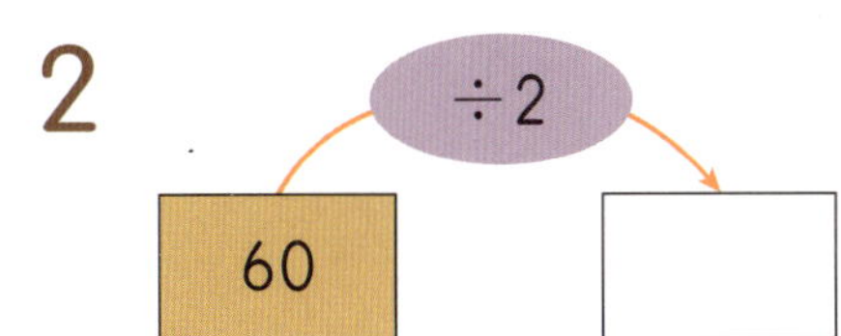

🐸 나눗셈의 몫의 크기를 비교하여 ○ 안에 >, =, <를 알맞게 써넣으시오. [3~4]

3 30÷3 ○ 40÷2

4 70÷7 ○ 90÷9

5 40÷4의 몫은 4÷4의 몫의 몇 배입니까?

[답]

사고력 학습

6 나눗셈의 몫이 같은 것끼리 선으로 이으시오.

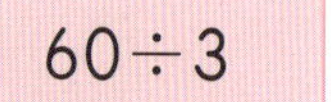

60÷3 ·

90÷3 ·

· 10

· 20

· 30

7 몫이 가장 큰 것을 찾아 기호를 쓰시오.

㉠ 80÷4　　㉡ 60÷2　　㉢ 50÷5

[답]

8 사탕 20개를 한 명에게 2개씩 나누어 준다면 몇 명에게 나누어 줄 수 있습니까?

[식]　　　　　　　　　　　　[답]

사고력 학습

◆ 내림이 없는 (몇십 몇)÷(몇)의 계산(1) ◆

1 수 모형을 보고 □ 안에 알맞은 수를 써넣으시오.

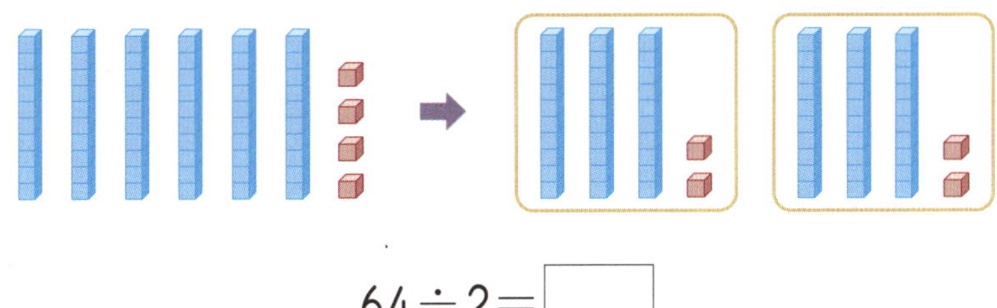

$$64 \div 2 = \boxed{}$$

□ 안에 알맞은 수를 써넣으시오. [2~5]

2
$$8 \div 4 = \boxed{}$$
$$48 \div 4 = \boxed{}\,\boxed{}$$
$$40 \div 4 = \boxed{}$$

3
$$6 \div 3 = \boxed{}$$
$$96 \div 3 = \boxed{}\,\boxed{}$$
$$90 \div 3 = \boxed{}$$

4
$$6 \div 3 = \boxed{}$$
$$36 \div 3 = \boxed{}\,\boxed{}$$
$$30 \div 3 = \boxed{}$$

5
$$8 \div 4 = \boxed{}$$
$$88 \div 4 = \boxed{}\,\boxed{}$$
$$80 \div 4 = \boxed{}$$

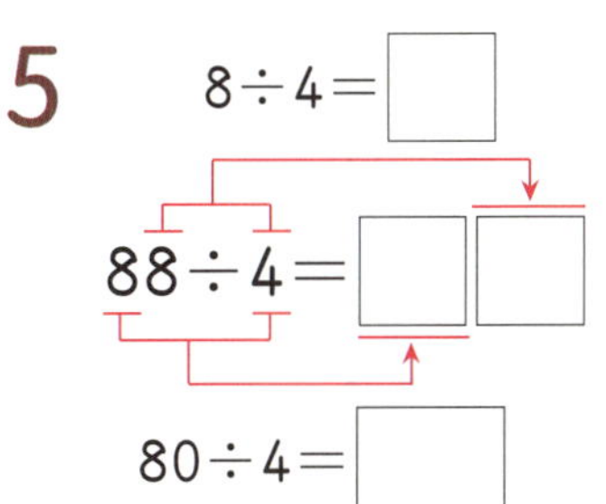

사고력 학습

G-243b

 □ 안에 알맞은 수를 써넣으시오. [6~15]

6 28÷2= ☐

7 39÷3= ☐

8 55÷5= ☐

9 68÷2= ☐

10 66÷3= ☐

11 42÷2= ☐

12 84÷4= ☐

13 77÷7= ☐

14 86÷2= ☐

15 99÷3= ☐

◆ **내림이 없는 (몇십 몇)÷(몇)의 계산(2)** ◆

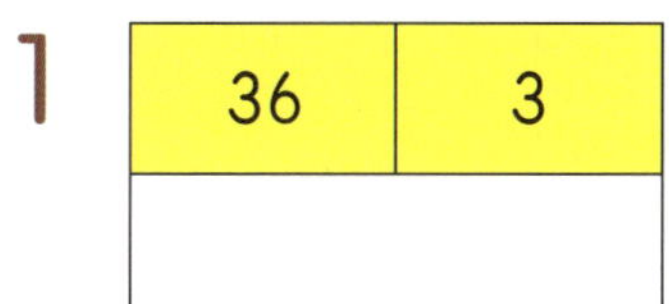 큰 수를 작은 수로 나눈 몫을 빈 곳에 써넣으시오. [1~2]

1

36	3

2

86	2

3 나눗셈의 몫이 더 큰 것에 ○표 하시오.

$$46 \div 2 \qquad 88 \div 4$$

(   )   (   )

4 몫이 다른 하나를 찾아 기호를 쓰시오.

> ㉠ $55 \div 5$ ㉡ $66 \div 6$
> ㉢ $84 \div 4$ ㉣ $77 \div 7$

[답] ________________________

사고력 학습

5 다음 나눗셈 중 몫이 30보다 큰 것은 어느 것인지 기호를 쓰시오.

> ㉠ 44÷2　　㉡ 69÷3
> ㉢ 99÷9　　㉣ 82÷2

[답]

6 귤 48개를 한 봉지에 4개씩 담으려고 합니다. 봉지는 모두 몇 개 필요합니까?

[식]　　　　　　　　　　　　　　[답]

7 학생이 26명 있습니다. 체육 시간에 두 모둠으로 똑같게 나누어 피구를 하려고 합니다. 한 모둠에 몇 명씩 됩니까?

[식]　　　　　　　　　　　　　　[답]

 사고력 학습

✿ 이름 :
✿ 날짜 :
✿ 시간 : 　시　 분 ~ 　시　 분

확인 

◆ **나눗셈의 몫과 나머지(1)** ◆

1 ☐ 안에 알맞은 말을 써넣으시오.

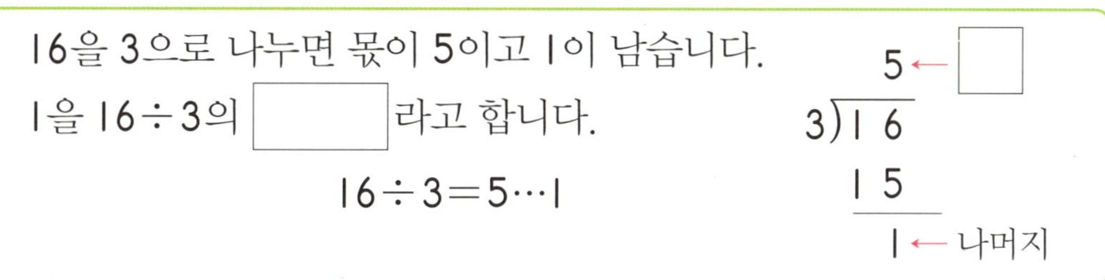

16을 3으로 나누면 몫이 5이고 1이 남습니다.
1을 16÷3의 ☐ 라고 합니다.

$$16 \div 3 = 5 \cdots 1$$

$$\begin{array}{r} 5 \leftarrow ☐ \\ 3\overline{)16} \\ \underline{15} \\ 1 \leftarrow \text{나머지} \end{array}$$

2 수 모형을 보고 ☐ 안에 알맞은 수를 써넣으시오.

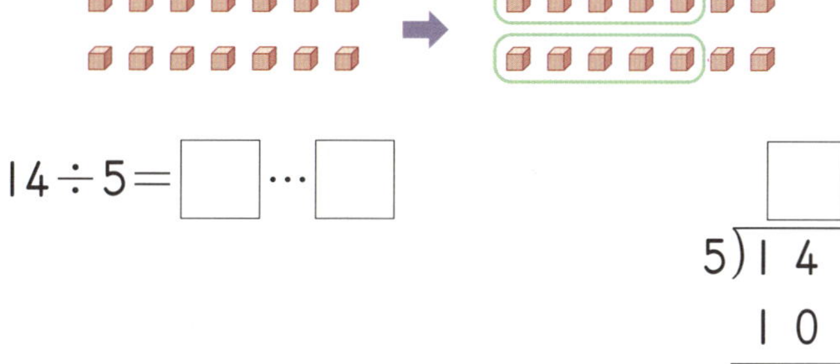

$$14 \div 5 = ☐ \cdots ☐$$

$$\begin{array}{r} ☐ \\ 5\overline{)14} \\ \underline{10} \\ ☐ \end{array}$$

🐸 나눗셈의 몫과 나머지를 각각 쓰시오. [3~4]

3

$$\begin{array}{r} 6 \\ 4\overline{)26} \\ \underline{24} \\ 2 \end{array}$$

(몫)

(나머지)

4

$$\begin{array}{r} 4 \\ 7\overline{)31} \\ \underline{28} \\ 3 \end{array}$$

(몫)

(나머지)

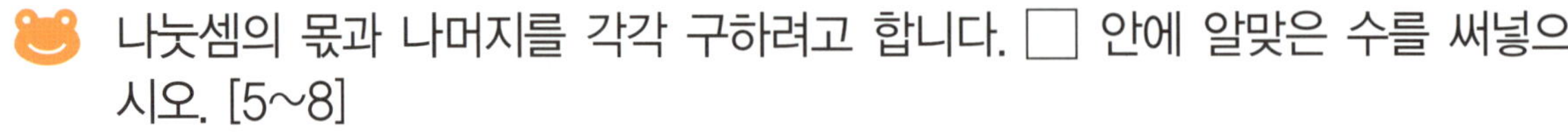

나눗셈의 몫과 나머지를 각각 구하려고 합니다. ☐ 안에 알맞은 수를 써넣으시오. [5~8]

5

$2\,)\overline{1\;7}$

6

$4\,)\overline{2\;9}$

7

$6\,)\overline{3\;9}$

8

$9\,)\overline{6\;8}$

나눗셈의 몫과 나머지를 각각 구하려고 합니다. ☐ 안에 알맞은 수를 써넣으시오. [9~12]

9 $22 \div 3 = \boxed{} \cdots \boxed{}$

10 $43 \div 5 = \boxed{} \cdots \boxed{}$

11 $41 \div 7 = \boxed{} \cdots \boxed{}$

12 $60 \div 8 = \boxed{} \cdots \boxed{}$

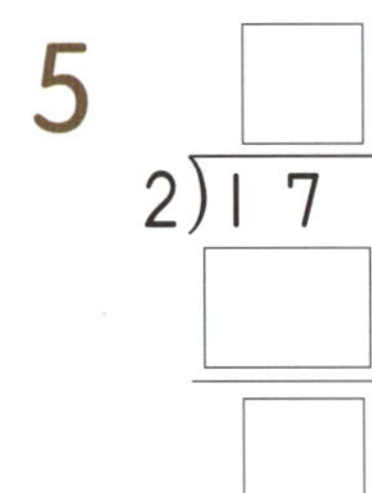

G-246a

🌸 이름 :
🌸 날짜 :
🌸 시간 : 시 분 ~ 시 분

확인

◆ **나눗셈의 몫과 나머지(2)** ◆

1 다음 중 나누어떨어지는 것을 모두 찾아 기호를 쓰시오.

> ㉠ 43÷6   ㉡ 36÷4
> ㉢ 29÷8   ㉣ 45÷9

[답]

2 나눗셈의 나머지를 찾아 선으로 이으시오.

22÷3 •

37÷7 •

• 1

• 2

• 3

3 나눗셈의 나머지가 더 작은 것의 기호를 쓰시오.

㉠   ㉡
8)4 3   5)4 9

[답]

사고력 학습

4 3으로 나누었을 때 나누어떨어지는 것을 모두 찾아 ◯표 하시오.

13	6	21	26
( )	( )	( )	( )

5 나눗셈 중에서 나머지가 **5**가 될 수 없는 것을 모두 찾아 기호를 쓰시오.

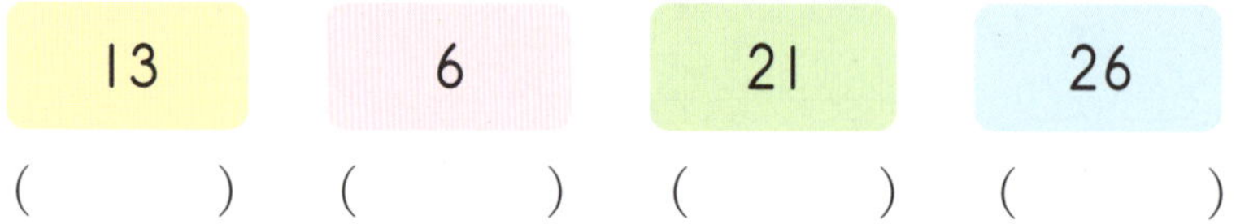

[답] ________________

6 길이가 **76cm**인 종이 테이프가 있습니다. 이 종이 테이프를 **9cm**씩 자르면 모두 몇 도막이 되고, 몇 **cm**가 남습니까?

[답] __________ 도막 , __________ cm

7 4장의 숫자 카드 2 , 4 , 5 , 9 를 한 번씩 사용하여 다음과 같은 나눗셈이 되도록 □ 안에 알맞은 수를 써넣으시오.

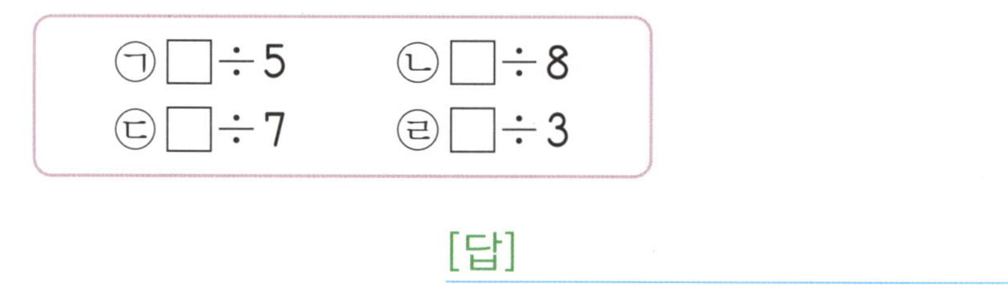

◆ **나눗셈의 검산(1)** ◆

1 수 모형을 보고 □ 안에 알맞은 수를 써넣으시오.

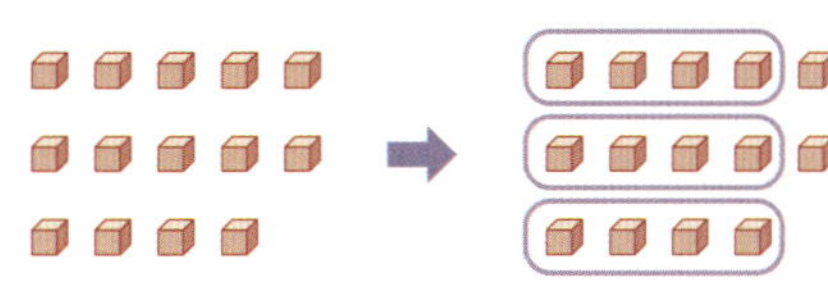

$$14 \div 4 = \boxed{} \cdots \boxed{}$$

(검산) $4 \times \boxed{} + \boxed{} = \boxed{}$

나눗셈을 보고 검산하시오. [2~5]

2 $19 \div 5 = 3 \cdots 4$　➡　(검산) $5 \times \boxed{} + \boxed{} = \boxed{}$

3 $29 \div 7 = 4 \cdots 1$　➡　(검산) $7 \times \boxed{} + \boxed{} = \boxed{}$

4

$$\begin{array}{r} 7 \\ 2\overline{)1\,5} \\ 1\,4 \\ \hline 1 \end{array}$$

(검산) $2 \times \boxed{} + \boxed{} = \boxed{}$

5

$$\begin{array}{r} 4 \\ 9\overline{)4\,3} \\ 3\,6 \\ \hline 7 \end{array}$$

(검산) $9 \times \boxed{} + \boxed{} = \boxed{}$

나눗셈을 하고 ☐ 안에 알맞은 수를 써넣으시오. [6~11]

6 $15 \div 4 = \boxed{} \cdots \boxed{}$ ➡ (검산) $4 \times \boxed{} + \boxed{} = \boxed{}$

7 $29 \div 3 = \boxed{} \cdots \boxed{}$ ➡ (검산) $3 \times \boxed{} + \boxed{} = \boxed{}$

8 $46 \div 7 = \boxed{} \cdots \boxed{}$ ➡ (검산) $7 \times \boxed{} + \boxed{} = \boxed{}$

9 $38 \div 8 = \boxed{} \cdots \boxed{}$ ➡ (검산) $8 \times \boxed{} + \boxed{} = \boxed{}$

10 $5 \overline{)48}$

(검산) $5 \times \boxed{} + \boxed{} = \boxed{}$

11 $6 \overline{)39}$

(검산) $6 \times \boxed{} + \boxed{} = \boxed{}$

◆ 나눗셈의 검산(2) ◆

나눗셈의 몫과 나머지를 각각 구하고, 검산하시오. [1~2]

1

$$4\overline{)3\ 7}$$

2

$$7\overline{)5\ 9}$$

(검산) ___________________________________

(검산) ___________________________________

3 나눗셈의 몫과 나머지를 각각 구하고, 검산하시오.

$$50 \div 8$$

(몫) ______________________ , (나머지) __________________

(검산) ___________________________________

4 다음 검산식을 보고 나눗셈식을 쓰시오.

$$7 \times 5 + 4 = 39$$

(나눗셈식) $\boxed{} \div \boxed{} = \boxed{} \cdots \boxed{}$

5 ☐ 안에 알맞은 수를 써넣으시오.

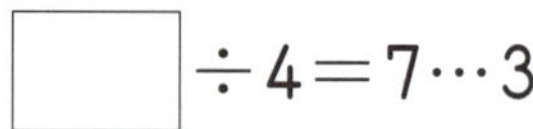

$$\boxed{} \div 4 = 7 \cdots 3$$

6 ☐ 안에 알맞은 수를 써넣으시오.

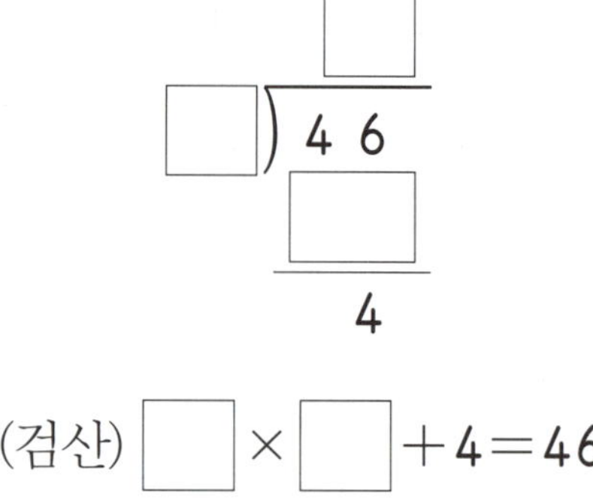

(검산) $\boxed{} \times \boxed{} + 4 = 46$

7 어떤 수를 8로 나누었더니 몫이 9이고 나머지는 5였습니다. 어떤 수는 얼마입니까?

[답]

8 사탕을 한 사람에게 3개씩 7명에게 나누어 주었더니 2개가 남았습니다. 사탕은 모두 몇 개입니까?

[답]

★ 이름 :

★ 날짜 :

★ 시간 :　　시　　분 ~ 　시　　분

◆ **내림이 있고 나머지가 없는 (몇십 몇)÷(몇)(1)** ◆

1 수 모형을 보고 ☐ 안에 알맞은 수를 써넣으시오.

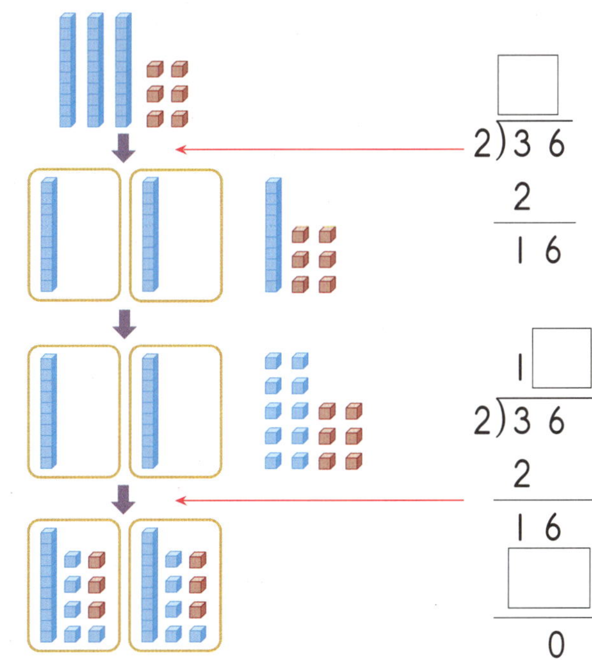

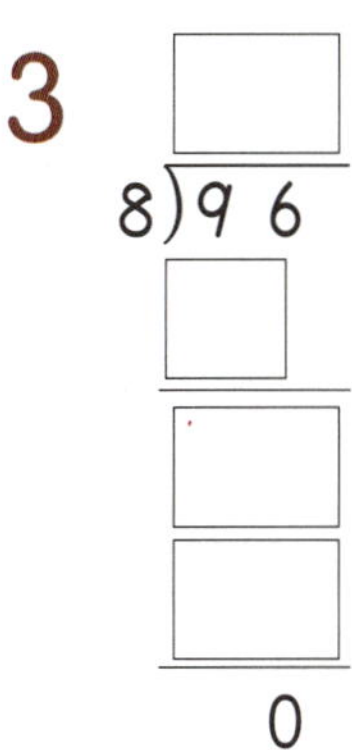 ☐ 안에 알맞은 수를 써넣으시오. [2~3]

2

3)4 2
　3
　1 2

　　0

3

8)9 6

　　0

G-249b

 □ 안에 알맞은 수를 써넣으시오. [4~11]

4 34÷2= □

5 48÷3= □

6 98÷7= □

7 85÷5= □

8 □
6)8 4

9 □
4)7 2

10 □
3)8 7

11 □
5)9 0

사고력 학습

◆ **내림이 있고 나머지가 없는 (몇십 몇)÷(몇)(2)** ◆

🐸 □ 안에 알맞은 수를 써넣으시오. [1~2]

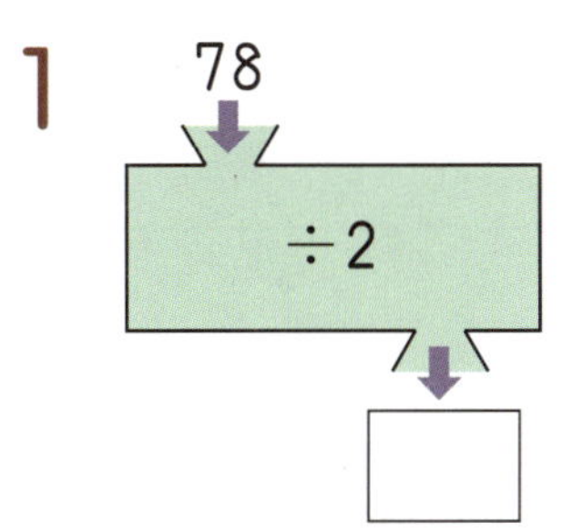

1　78　÷2

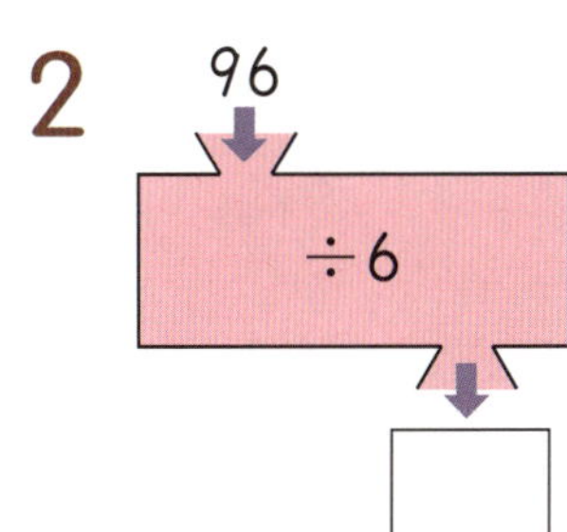

2　96　÷6

🐸 나눗셈의 몫의 크기를 비교하여 ○ 안에 >, =, <를 알맞게 써넣으시오.
[3~4]

3 75÷3 ○ 85÷5　　　　**4** 95÷5 ○ 76÷4

5 빈 곳에 알맞은 수를 써넣으시오.

72 →(÷2)→ □ →(÷2)→ □

6 두 나눗셈의 몫의 차를 구하시오.

$$92 \div 2 \qquad 87 \div 3$$

[답]

7 몫이 큰 것부터 차례로 기호를 쓰시오.

㉠ $78 \div 6$ ㉡ $68 \div 4$
㉢ $84 \div 7$ ㉣ $80 \div 5$

[답]

8 연필 54자루를 학생 한 명에게 3자루씩 나누어 주려고 합니다. 연필은 몇 명에게 나누어 줄 수 있습니까?

[식] [답]

9 달걀 32개로 하루에 2개씩 계란찜을 만들어 먹는다면 모두 며칠 동안 먹을 수 있습니까?

[식] [답]

사고력 학습

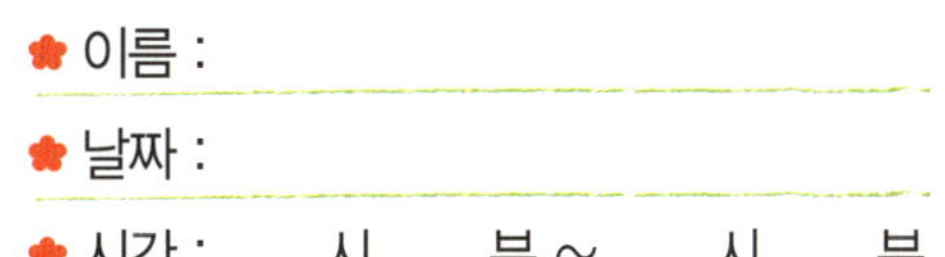

◆ 내림이 있고 나머지가 있는 (몇십 몇)÷(몇)(1) ◆

1 수 모형을 보고 □ 안에 알맞은 수를 써넣으시오.

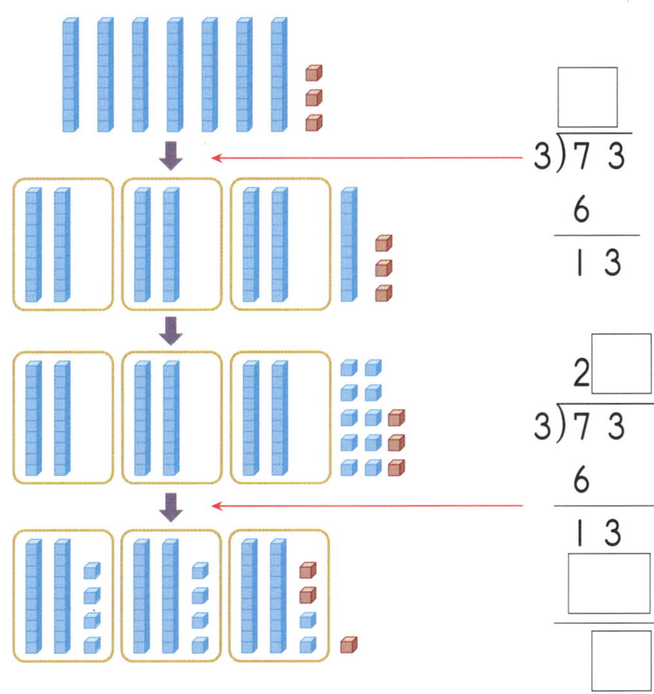

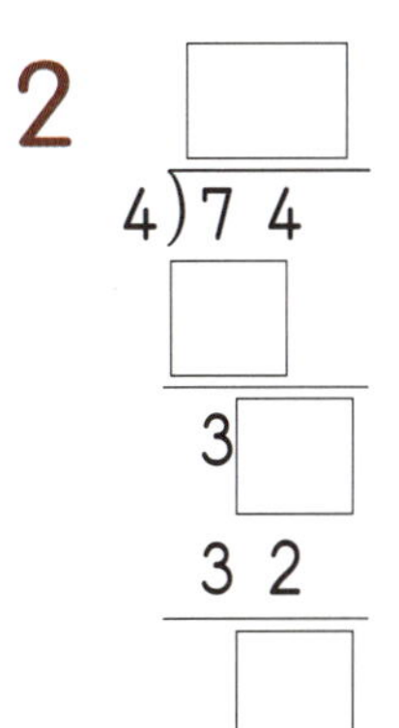 　□ 안에 알맞은 수를 써넣으시오. [2~3]

2

3

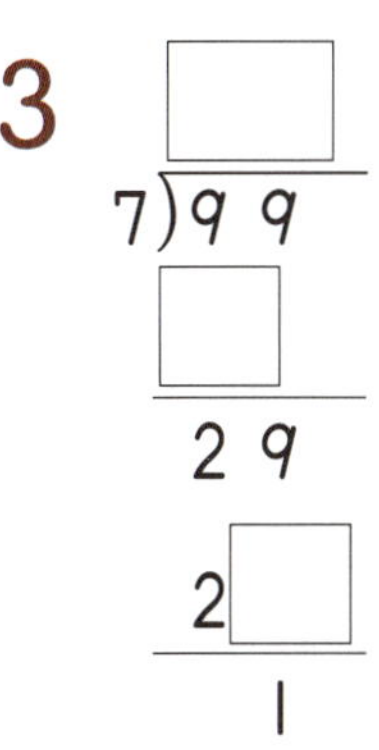

 나눗셈을 하고 □ 안에 알맞은 수를 써넣으시오. [4~8]

4 $57 \div 2 =$ ☐ ⋯ ☐ ➡ (검산) $2 \times$ ☐ $+$ ☐ $=$ ☐

5 $69 \div 5 =$ ☐ ⋯ ☐ ➡ (검산) $5 \times$ ☐ $+$ ☐ $=$ ☐

6 $83 \div 7 =$ ☐ ⋯ ☐ ➡ (검산) $7 \times$ ☐ $+$ ☐ $=$ ☐

7 ☐ ⋯ ☐ $6\overline{)7\ 7}$

8 ☐ ⋯ ☐ $8\overline{)9\ 2}$

(검산) $6 \times$ ☐ $+$ ☐ $=$ ☐   (검산) $8 \times$ ☐ $+$ ☐ $=$ ☐

✽ 이름 :	
✽ 날짜 :	
✽ 시간 : 시 분 ~ 시 분	

◆ **내림이 있고 나머지가 있는 (몇십 몇)÷(몇)(2)** ◆

🐸 나눗셈의 몫과 나머지를 각각 구하고, 검산하시오. [1~2]

1
$$3\overline{)7\,4}$$

2
$$6\overline{)8\,9}$$

(검산) ________________

(검산) ________________

3 나눗셈의 나머지가 더 큰 것에 ○표 하시오.

61÷5	94÷4
( )	( )

4 잘못된 곳을 찾아 바르게 고치시오.

$$
\begin{array}{r}
1\,2 \\
7\overline{)9\,2} \\
7 \\
\hline
2\,2 \\
1\,4 \\
\hline
8
\end{array}
$$
→

5 6으로 나누었을 때 나머지가 5인 수를 찾아 쓰시오.

| 75 | 84 | 83 | 93 |

[답] ___________

6 □ 안에 알맞은 수를 구하시오.

$$\square \div 4 = 14 \cdots 2$$

[답] ___________

7 동화책 73권을 책꽂이 한 칸에 5권씩 꽂는다면 몇 칸에 꽂을 수 있고 몇 권이 남습니까?

[답] ___________ 칸 , ___________ 권

8 어떤 수를 3으로 나누어야 할 것을 잘못하여 곱했더니 84가 되었습니다. 바르게 계산하면 몫과 나머지는 각각 얼마가 됩니까?

(몫) ___________ , (나머지) ___________

사고력 학습

 창의력 학습

호영이네 친구들이 모여서 왕게임을 하려고 번호를 뽑았습니다. 왕은 누구입니까?

- 왕은 뽑은 번호의 숫자를 5로 나누면 3이 남습니다.
- 빨간색 옷은 왕이 아닙니다.

[답]

진희가 계산한 종이를 강아지가 물어 뜯어서 다음의 숫자만 남았습니다. 처음에 있던 나눗셈의 계산으로 완성하려고 합니다. □ 안에 알맞은 수를 써넣으시오.

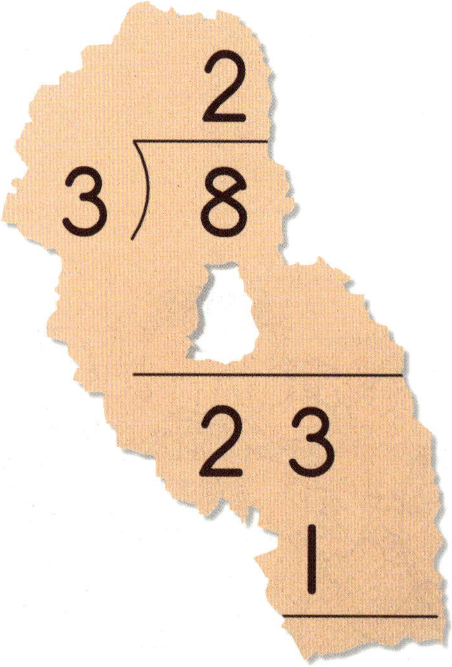

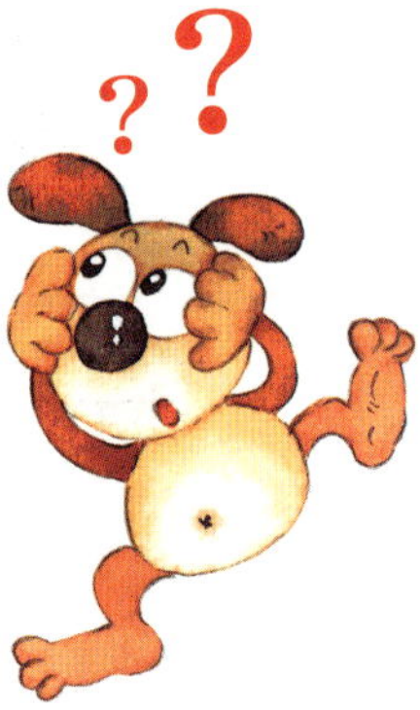

✿ 이름 :

✿ 날짜 :

✿ 시간 :　　시　　분 ~　　시　　분

확인

 경시대회 예상문제

1 연필 6타를 4명에게 똑같게 나누어 주려고 합니다. 한 사람에게 몇 자루씩 나누어 주면 됩니까?

[답]

2 □ 안에 알맞은 수를 구하시오.

$$46 \div \square = 7 \cdots 4$$

[답]

3 길이가 96m인 도로 한쪽에 처음부터 8m 간격으로 나무를 심으려고 합니다. 나무는 모두 몇 그루가 필요합니까?

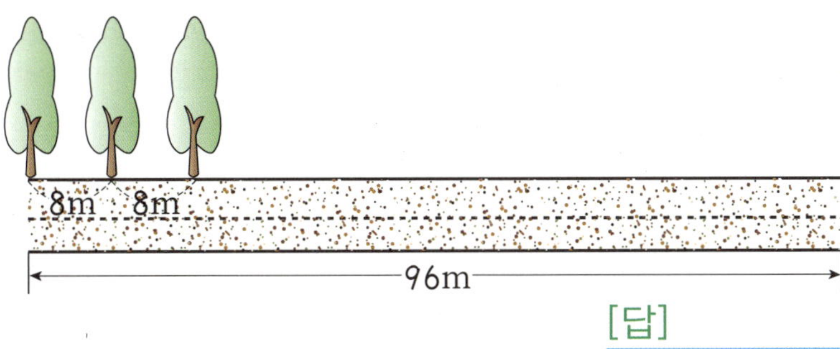

[답]

4 다음 나눗셈이 나누어떨어질 때 □ 안에 들어갈 수 있는 수 중에서 가장 큰 한 자리 수를 구하시오.

$$56 \div \square$$

[답]

5 색종이 58장을 한 학생에게 몇 장씩 나누어 주었더니 6명이 나누어 가지고 4장이 남았습니다. 한 학생에게 몇 장씩 나누어 주었습니까?

[답]

서술형·논술형

6 다음 숫자 카드 중 3장을 한 번씩 사용하여 두 자리 수를 만들고 남은 한 수로 나누었을 때 몫이 가장 크게 되는 나눗셈식을 만들려고 합니다. 풀이 과정을 쓰고 나눗셈식으로 나타내시오.

[식]

7 귤 46개를 한 봉지에 6개씩 담으려고 합니다. 귤을 남김없이 모두 봉지에 담으려면 귤은 적어도 몇 개 더 있어야 합니까?

[답]

8 어떤 수를 9로 나누었더니 몫이 7이고 나머지가 5였습니다. 어떤 수를 5로 나누면 몫과 나머지는 각각 얼마인지 풀이 과정을 쓰고 답을 구하시오.

(몫) , (나머지)

9 ★에 들어갈 수 있는 수 중에서 가장 큰 수를 구하시오.

$$★ \div 7 = 9 \cdots ●$$

[답]

10 다음 나눗셈의 나머지를 가장 크게 하려고 합니다. ☐ 안에 알맞은 수를 구하시오.

$$6\square \div 8$$

[답]

11 ☐ 안에 알맞은 수를 써넣으시오.

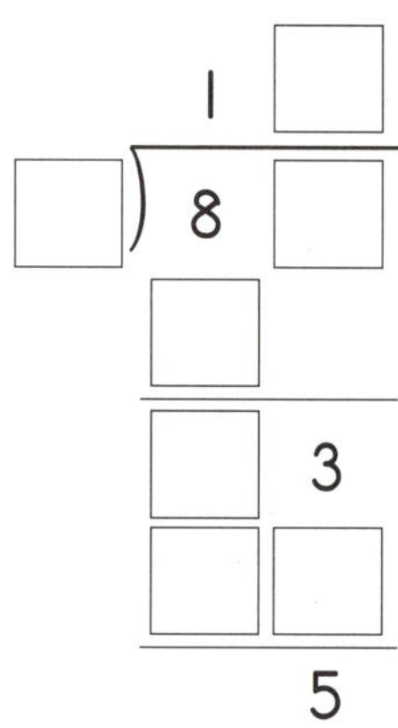

12 3으로 나누어도, 4로 나누어도 나누어떨어지는 수 중에서 가장 큰 두 자리 수를 구하시오.

[답]

경시대회 예상문제

G5

.. G256a ~ G270b

학습 관리표

학습 내용		이번 주는?
들이와 무게	· 들이 · 들이의 단위 · 들이의 어림하기와 합과 차 · 무게 · 무게의 단위 · 무게의 어림하기와 합과 차 · 창의력 학습 · 경시대회 예상문제	• 학습 방법 : ① 매일매일 ② 가끔 ③ 한꺼번에 하였습니다. • 학습 태도 : ① 스스로 잘 ② 시켜서 억지로 하였습니다. • 학습 흥미 : ① 재미있게 ② 싫증내며 하였습니다. • 교재 내용 : ① 적합하다고 ② 어렵다고 ③ 쉽다고 하였습니다.
지도 교사가 부모님께		**부모님이 지도 교사께**
평가	Ⓐ 아주 잘함　　　Ⓑ 잘함　　　Ⓒ 보통　　　Ⓓ 부족함	

원(교)　　　　　반　　이름　　　　　전화

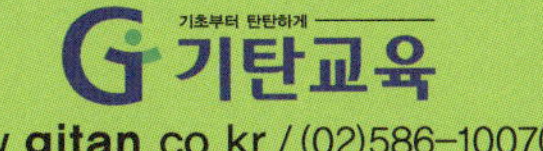

www.gitan.co.kr / (02)586-1007(대)

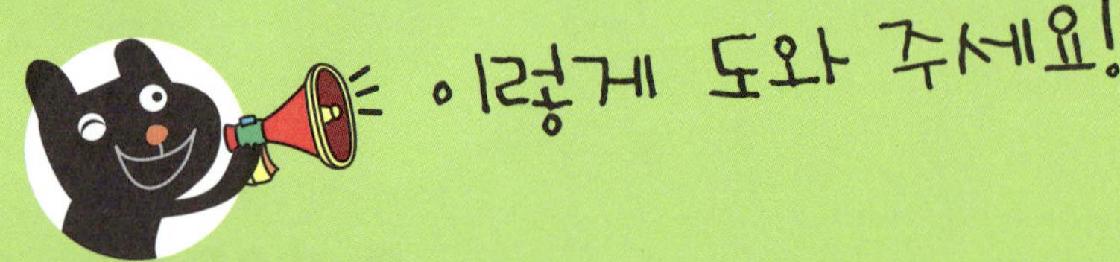

● 학습 목표

- 들이를 비교하는 방법을 말할 수 있고 들이 단위의 필요성을 알 수 있습니다.
- 1L와 1mL 단위를 알고 들이를 측정하여 L와 mL로 말할 수 있습니다.
- 기준 단위를 이용하여 여러 가지 물건의 들이를 어림하고 직접 재어서 비교할 수 있으며 들이의 합과 차를 구할 수 있습니다.
- 무게를 비교하는 방법을 말할 수 있고 무게 단위의 필요성을 알 수 있습니다.
- 1kg과 1g 단위를 알고 무게를 측정하여 kg과 g으로 말할 수 있습니다.
- 기준 단위를 이용하여 여러 가지 물건의 무게를 어림하고 직접 재어서 비교할 수 있으며 무게의 합과 차를 구할 수 있습니다.
- 들이와 무게의 학습을 통해 수학과 실생활의 관련성을 인식할 수 있습니다.

● 지도 내용

- 들이를 비교하는 활동을 통하여 들이 단위의 필요성을 이해하고 임의 단위 사용의 불편함을 알게 합니다.
- 들이가 적혀 있는 물건을 조사하여 1L와 1mL 단위를 알고 그 관계를 이해하고 들이를 단명수와 복명수로 말해 봅니다.
- 여러 가지 물건의 들이를 어림하고 재는 활동을 통하여 양감을 기르고 들이의 합과 차를 구해 봅니다.
- 무게를 비교하는 활동을 통하여 무게 단위의 필요성을 이해하고 임의 단위 사용의 불편함을 알게 합니다.
- 1kg과 1g 단위를 알고 그 관계를 이해하고 무게를 단명수와 복명수로 말해 봅니다.
- 여러 가지 물건의 무게를 어림하고 재는 활동을 통하여 양감을 기르고 무게의 합과 차를 구해 봅니다.

● 지도 요점

들이와 무게를 각각 비슷한 방법으로 지도하고 일상생활의 예를 통해 들이와 무게를 비교하게 하면서 임의 단위 사용의 불편함을 깨닫게 합니다. 들이와 무게의 단위를 소개하고 들이와 무게의 어림 및 합과 차를 구하는 방법을 지도합니다. 이 단원의 학습을 통해 들이와 무게에 관련된 양감을 기르고 적절한 단위를 사용하여 측정값을 나타낼 수 있으며 상황에 맞는 계산을 할 수 있도록 지도합니다.

이름 :

날짜 :

시간 :　시　분 ~ 　시　분

확인

◆ 들이 ◆

1 주전자와 양동이의 들이를 비교하려고 합니다. 주전자에 물을 가득 채웠다가 양동이에 물을 옮겨 담았습니다. 물음에 답하시오.

(1) 양동이에 물이 가득 차지 않은 경우는 주전자와 양동이 중에서 어느 것의 들이가 더 많습니까?

[답]

(2) 주전자에 물이 남아 있는 경우는 주전자와 양동이 중에서 어느 것의 들이가 더 많습니까?

[답]

2 들이가 많은 그릇의 순서대로 번호를 쓰시오.

(　　　)　　　(　　　)　　　(　　　)

3 우유갑과 컵에 물을 가득 채웠다가 모양과 크기가 같은 그릇에 담았더니 그림과 같이 되었습니다. 우유갑과 컵 중 어느 것의 들이가 더 많습니까?

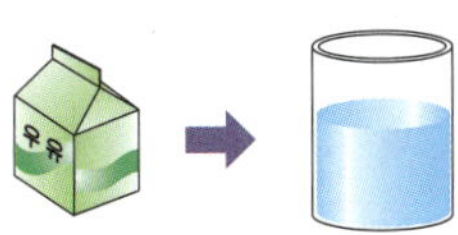

[답]

4 그릇 ㉮, ㉯, ㉰의 들이를 비교하려고 합니다. 각 그릇에 물을 가득 채웠다가 모양과 크기가 같은 그릇에 각각 옮겨 담았습니다. 들이가 많은 순서대로 쓰시오.

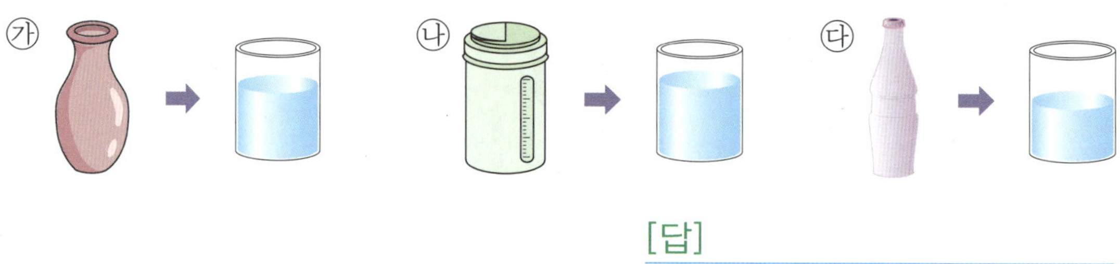

[답]

5 물병과 주전자의 들이를 비교하려고 합니다. 각 그릇에 물을 가득 채웠다가 모양과 크기가 같은 컵에 각각 따랐습니다. 어느 그릇의 들이가 더 많습니까?

[답]

6 그릇 ㉮, ㉯, ㉰에 물을 가득 채워 오른쪽과 같은 세숫대야에 각각 물을 가득 채웠을 때, 부은 횟수가 다음과 같았습니다. 어느 그릇의 들이가 가장 많습니까?

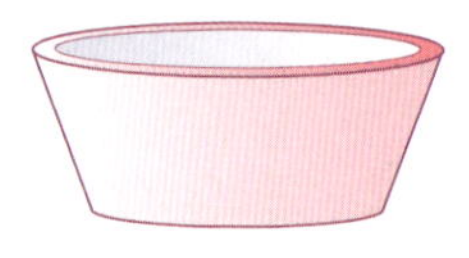

㉮  7번

㉯  5번

㉰  8번

[답]

◆ 들이의 단위(1) ◆

- 들이의 단위에는 l리터와 l밀리리터가 있습니다.
  l리터는 lL, l밀리리터는 lmL라고 씁니다.

$$ lL \qquad lmL $$

l리터는 l000밀리리터와 같습니다.

$$ lL = l000mL $$

- lL보다 700mL 더 많은 들이를 lL 700mL라 쓰고, l리터 700 밀리리터라고 읽습니다. lL 700mL는 l700mL와 같습니다.

$$ lL\ 700mL = lL + 700mL = l000mL + 700mL = l700mL $$

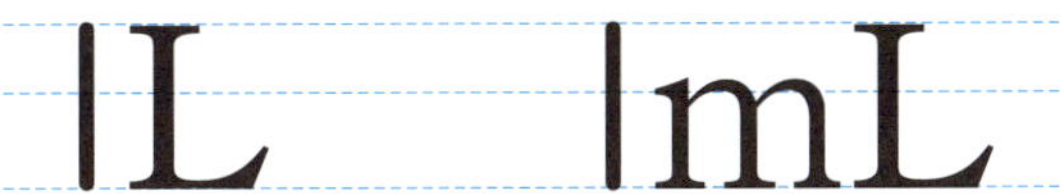 □ 안에 알맞은 수를 써넣으시오. [1~6]

1 2L = ☐ mL

2 6L = ☐ mL

3 lL 300mL = lL + ☐ mL
　　　　　= ☐ mL + ☐ mL = ☐ mL

4 2L 800mL = 2L + ☐ mL
　　　　　= ☐ mL + ☐ mL = ☐ mL

5 3L 600mL = ☐ mL

6 7L 500mL = ☐ mL

□ 안에 알맞은 수를 써넣으시오. [7~16]

7 1000mL = □L

8 4000mL = □L

9 5000mL = □L

10 7000mL = □L

11 1400mL = 1000mL + 400mL

= □L + 400mL

= □L □mL

12 2300mL

= 2000mL + □mL

= □L + □mL

= □L □mL

13 4900mL = □L □mL

14 8150mL = □L □mL

15 7160mL = □L □mL

16 9020mL = □L □mL

 사고력 학습

◆ **들이의 단위(2)** ◆

🐸 L와 mL 중에서 그릇에 알맞은 들이의 단위를 골라 ☐ 안에 써넣으시오.
[1~2]

1

500 ☐

2

2.5 ☐

🐸 물이 채워진 그림에서 눈금을 읽어 보시오. [3~6]

3 

__________ L

4

__________ mL

5 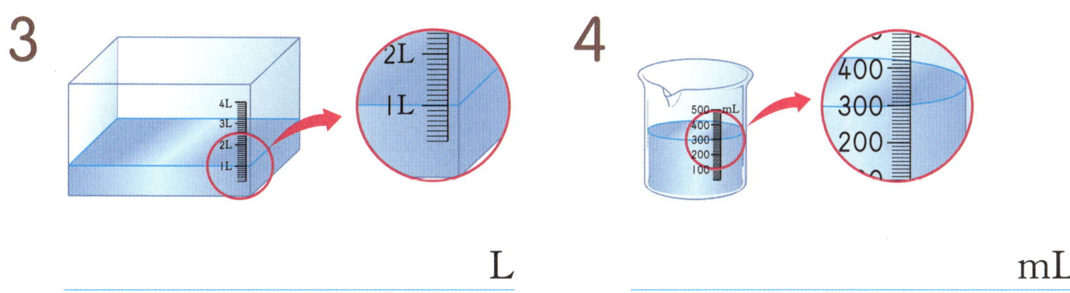

__________ L __________ mL

6

__________ mL

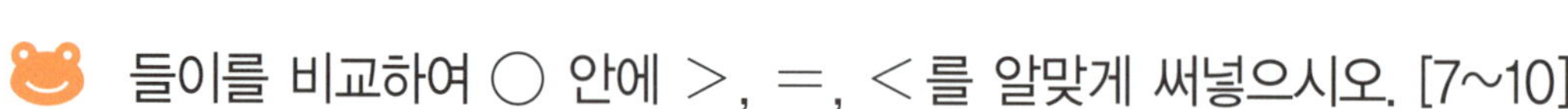

들이를 비교하여 ○ 안에 >, =, <를 알맞게 써넣으시오. [7~10]

7 4600mL ○ 5L

8 3L ○ 2900mL

9 5020mL ○ 5L 200mL

10 7L 150mL ○ 7050mL

11 현선이는 1L의 물이 들어 있는 물통에 200mL의 물을 더 부었습니다. 물은 모두 몇 mL입니까?

[답]

12 일주일 동안 주영이가 마신 물은 4L 190mL이고 수철이가 마신 물은 4090mL입니다. 누가 일주일 동안 마신 물이 더 많습니까?

[답]

 사고력 학습

◆ 들이의 어림하기와 합과 차(1) ◆

1 양동이에 가득 들어 있는 물을 1L들이 통에 담았더니 다음과 같았습니다.
양동이의 들이는 얼마라고 생각합니까?

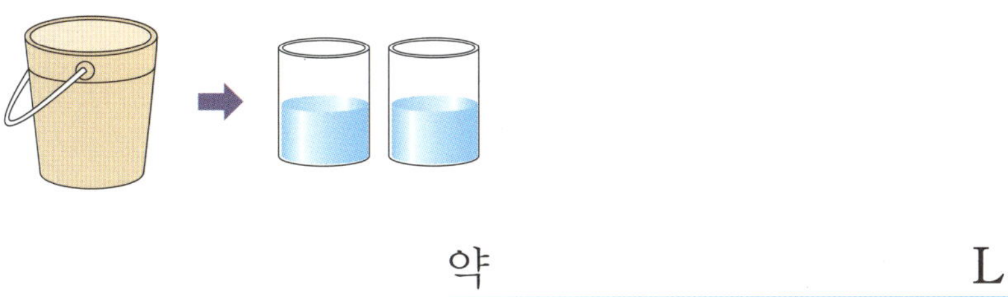

약   L

그림을 보고 □ 안에 알맞은 수를 써넣으시오. [2~3]

2

3

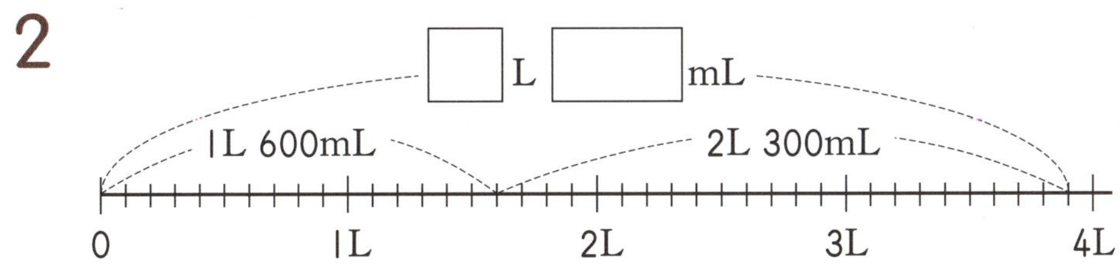

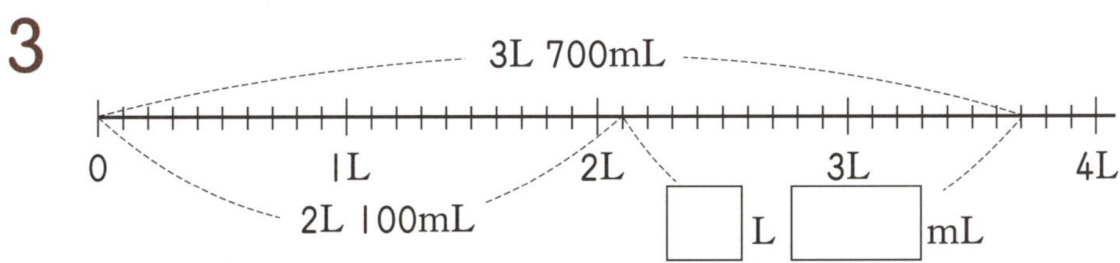

□ 안에 알맞은 수를 써넣으시오. [4~9]

4 3600mL＋3000mL＝ ☐ mL ＝ ☐ L ☐ mL

5 2400mL＋5500mL＝ ☐ mL ＝ ☐ L ☐ mL

6 1L 300mL＋7L 100mL＝ ☐ L ☐ mL

7 6900mL－2000mL＝ ☐ mL ＝ ☐ L ☐ mL

8 8L 600mL－400mL＝ ☐ L ☐ mL

9 9L 700mL－3L 600mL＝ ☐ L ☐ mL

 사고력 학습

G-260a

◆ **들이의 어림하기와 합과 차**(2) ◆

 들이의 합과 차를 구하시오. [1~8]

1   2500mL
    + 300mL

2   1600mL
    +5300mL

3   4L 100mL
    +4L 500mL

4   7L 800mL
    +2L 600mL

5   3800mL
    − 600mL

6   8800mL
    −7500mL

7   6L 400mL
    −3L 100mL

8   9L 600mL
    −8L 900mL

사고력 학습

9 두 들이의 합과 차는 각각 몇 L 몇 mL 입니까?

3L 500mL   IL 400mL

(합) ________________________ , (차) ________________________

○ 안에 >, =, <를 알맞게 써넣으시오. [10~11]

10 2L 600mL＋3L 200mL ◯ 4L 300mL＋IL 400mL

11 8L 700mL－4L 400mL ◯ 7L 800mL－3L 100mL

12 ☐ 안에 알맞은 수를 써넣으시오.

4L 900mL＋ ☐ mL＝6L

✿ 이름 :

✿ 날짜 :

✿ 시간 :　시　분 ~　시　분

◆ **들이의 어림하기와 합과 차(3)** ◆

1 지현, 민선, 정호가 1L의 그릇의 들이를 각각 어림한 것을 나타낸 것입니다. 누가 가장 가깝게 어림하였습니까?

> 지현: 900mL　　　민선: 1L 50mL　　　정호: 1100mL

[답]

2 들이가 가장 많은 것과 가장 적은 것의 합과 차는 각각 몇 L 몇 mL입니까?

> 4200mL　　　6L 400mL
> 2100mL　　　5L 600mL

(합)　　　　　　　　　　, (차)

3 2L 500mL의 물이 들어 있는 수조에 3L 200mL의 물을 더 부었습니다. 수조에 들어 있는 물은 모두 몇 L 몇 mL입니까?

[답]

4 석유통에 석유가 8L 800mL 있었습니다. 그중에서 5L 600mL를 사용하였습니다. 석유통에 남아 있는 석유는 몇 L 몇 mL입니까?

[답]

5 미연이네 집 냉장고에 우유는 1L 500mL가 있고, 주스는 우유보다 2L 100mL 더 많이 있습니다. 주스는 몇 L 몇 mL입니까?

[답]

6 물통에 물이 7L 있었습니다. 그중에서 꽃밭에 물을 주는 데 2L 800mL를 사용하였습니다. 물통에 남아 있는 물은 몇 L 몇 mL입니까?

[답]

 사고력 학습

🌸 이름 :

🌸 날짜 :

🌸 시간 :　　시　　분 ~　　시　　분

확인

◆ **무게** ◆

1 배와 귤 중에서 어느 것의 무게가 더 무겁습니까?

[답]

2 무게가 무거운 물건의 순서대로 기호를 쓰시오.

ㄱ 　　ㄴ 　　ㄷ 　　ㄹ 

[답]

3 양팔 저울을 사용하여 공책과 필통의 무게를 비교하였습니다. 어느 것이 더 무겁습니까?

[답]

4 양팔 저울과 바둑돌을 사용하여 양파와 감자 중에서 어느 것이 바둑돌 몇 개만큼 더 무거운지 알아보려고 합니다. 물음에 답하시오.

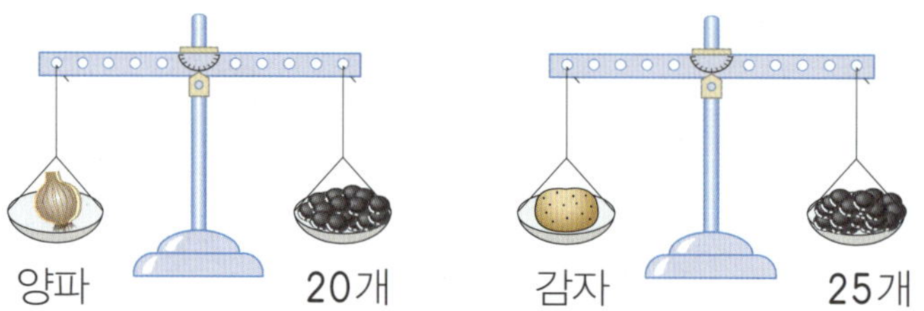

(1) 양파의 무게는 바둑돌 몇 개의 무게와 같습니까?

[답]

(2) 감자의 무게는 바둑돌 몇 개의 무게와 같습니까?

[답]

(3) 양파와 감자 중에서 어느 것이 바둑돌 몇 개만큼 더 무겁습니까?

[답]

5 가위와 지우개 중에서 어느 것이 100원짜리 동전 몇 개만큼 더 무거운지 빈 곳에 알맞게 써넣으시오.

__________ 가 __________ 보다 100원짜리 동전 __________

개만큼 더 무겁습니다.

사고력 학습

G-263a

◆ 무게의 단위(1) ◆

- 무게의 단위에는 |킬로그램과 |그램이 있습니다.
  |킬로그램은 |kg, |그램은 |g이라고 씁니다.

$$|kg \quad |g$$

  |킬로그램은 |000그램과 같습니다.

$$|kg = |000g$$

- |kg보다 600g 더 무거운 무게를 |kg 600g이라 쓰고, |킬로그램 600그램이라고 읽습니다. |kg 600g은 |600g과 같습니다.

$$|kg\ 600g = |kg + 600g = |000g + 600g = |600g$$

kg과 g 중에서 알맞은 무게의 단위를 골라 ☐ 안에 써넣으시오. [1~4]

1 손거울 85 ☐

2 의자 5 ☐

3 전자렌지 |4 ☐

4 화장지 60 ☐

5 물건의 무게를 재는 데 kg과 g 중에서 적당한 단위를 찾아 선으로 이으시오.

수첩 ·   · kg

텔레비전 ·   · g

G-263b

저울의 눈금을 읽으시오. [6~11]

6

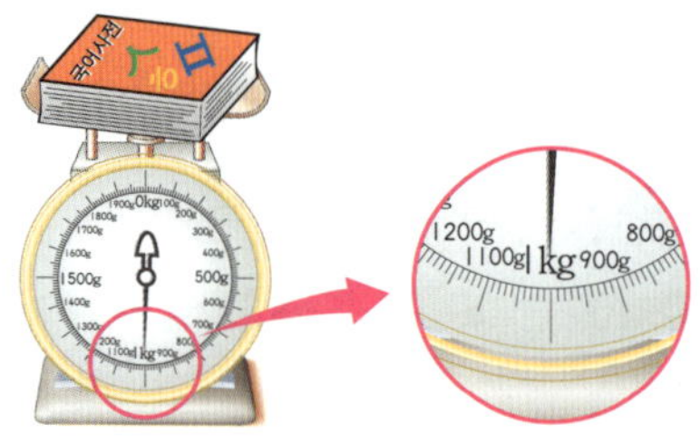

_______________________ g

7

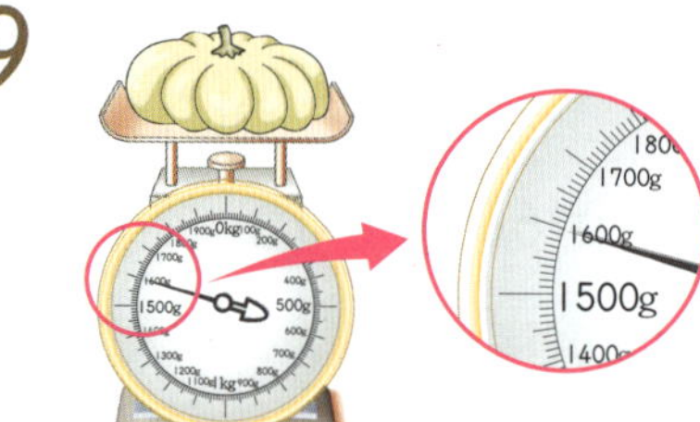

_______________________ g

8

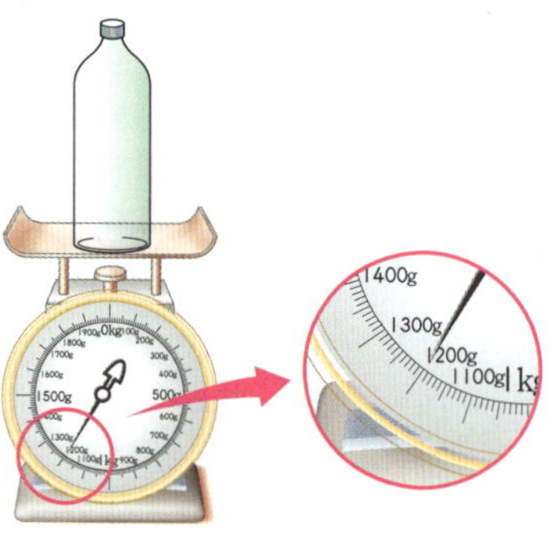

_______________________ kg

9

_______________________ g

10

_______________________ kg _________ g

11

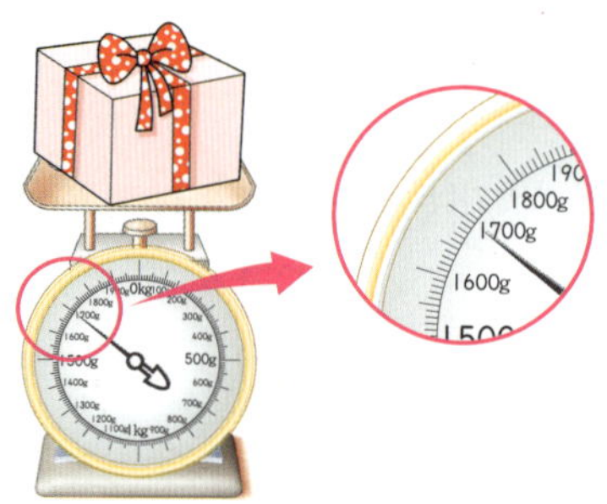

_______________________ kg _________ g

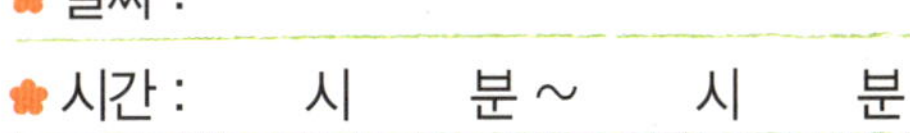

◆ 무게의 단위(2) ◆

□ 안에 알맞은 수를 써넣으시오. [1~10]

1 4kg = □ g

2 3000g = □ kg

3 9kg = □ g

4 7000g = □ kg

5 2kg 700g = □ kg + □ g = □ g + □ g = □ g

6 3800g = □ g + □ g = □ kg + □ g = □ kg □ g

7 6kg 200g = □ g

8 5400g = □ kg □ g

9 8kg 800g = □ g

10 9100g = □ kg □ g

사고력 학습

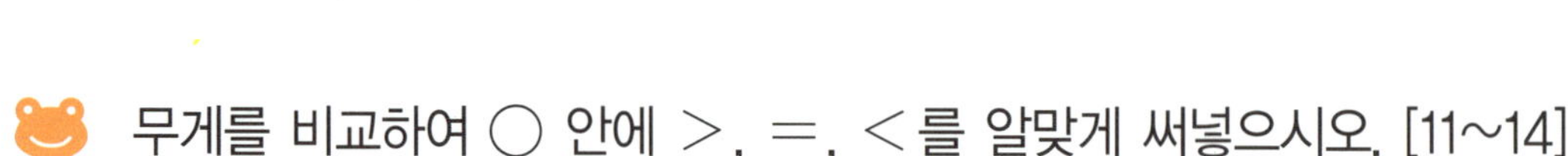

무게를 비교하여 ○ 안에 >, =, <를 알맞게 써넣으시오. [11~14]

11 3kg 100g ○ 3kg

12 2900g ○ 2kg 900g

13 5kg 600g ○ 6kg 60g

14 7050g ○ 7kg 500g

15 민성이는 저울을 사용하여 당근과 무의 무게를 재었습니다. 당근의 무게는 380g이고 무의 무게는 450g입니다. 어느 것이 더 무겁습니까?

[답]

16 감자 한 상자의 무게를 재어 보았더니 2kg 150g이고, 고구마 한 상자의 무게를 재어 보았더니 2050g이었습니다. 감자 한 상자와 고구마 한 상자 중 어느 것이 더 무겁습니까?

[답]

 사고력 학습

◆ 무게의 어림하기와 합과 차(1) ◆

1 다음 물건의 무게를 어림해 본 후 실제로 재어서 나타낸 것입니다. 실제 무게에 가장 가깝게 어림한 것은 어느 것입니까?

물건	축구공	배	양파
어림한 무게	410g	380g	150g
실제 무게	450g	400g	200g

[답]

그림을 보고 ☐ 안에 알맞은 수를 써넣으시오. [2~3]

2

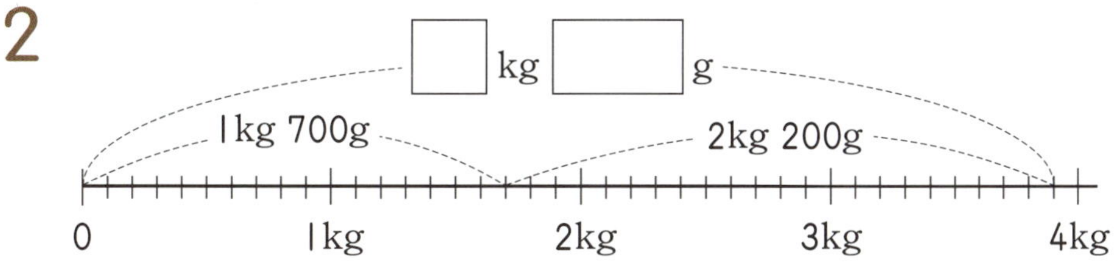

3

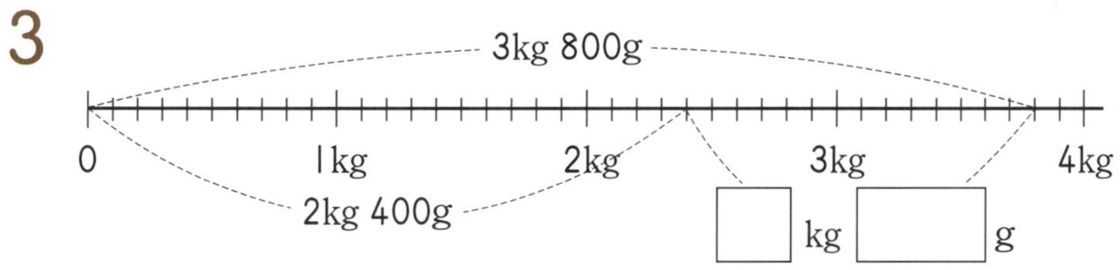

🐸 ☐ 안에 알맞은 수를 써넣으시오. [4~9]

4 2400g＋1500g＝☐g＝☐kg☐g

5 3700g＋4100g＝☐g＝☐kg☐g

6 5kg 200g＋2kg 300g＝☐kg☐g

7 7900g－4600g＝☐g＝☐kg☐g

8 8300g－2200g＝☐g＝☐kg☐g

9 9kg 500g－3kg 100g＝☐kg☐g

◆ 무게의 어림하기와 합과 차(2) ◆

무게의 합과 차를 구하시오. [1~8]

1
$$3kg\ 400g$$
$$+\qquad 500g$$

2
$$2kg\ 300g$$
$$+4kg\ 100g$$

3
$$5200g$$
$$+2600g$$

4
$$6kg\ 900g$$
$$+2kg\ 800g$$

5
$$4kg\ 800g$$
$$-\qquad 600g$$

6
$$5kg\ 700g$$
$$-2kg\ 400g$$

7
$$7600g$$
$$-1200g$$

8
$$8kg\ 100g$$
$$-3kg\ 500g$$

9 두 무게의 합과 차는 각각 몇 kg 몇 g입니까?

> 5kg 600g　　　3kg 200g

(합) ____________________ ,　(차) ____________________

○ 안에 >, =, <를 알맞게 써넣으시오. [10~11]

10 2kg 800g+3kg 100g ◯ 4kg 300g+1kg 600g

11 9kg 600g−5kg 400g ◯ 7kg 800g−3kg 500g

12 □ 안에 알맞은 수를 써넣으시오.

6kg □ g− □ kg 700g=1kg 500g

사고력 학습

이름 :

날짜 :

시간 :　　시　　분 ~　　시　　분

확인

◆ 무게의 어림하기와 합과 차(3) ◆

정호와 미나는 헌책을 모았습니다. 저울을 보고 물음에 답하시오. [1~2]

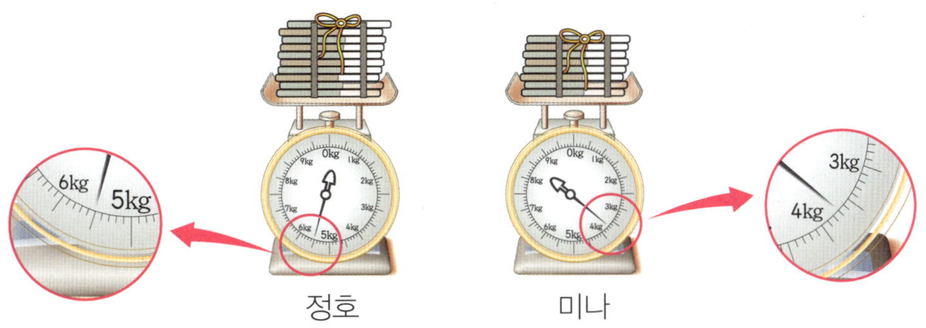

1 정호와 미나가 모은 헌책의 무게는 모두 몇 kg 몇 g입니까?

[답]

2 정호와 미나 중에서 누가 몇 kg 몇 g 더 많이 모았습니까?

[답]

3 효정이는 밤 2kg 600g과 감자 3kg 100g을 샀습니다. 효정이가 산 밤과 감자의 무게는 모두 몇 kg 몇 g입니까?

[답]

사고력 학습

4 규현이는 농장에서 토마토를 어제는 5kg 300g 땄고, 오늘은 7kg 800g 땄습니다. 오늘은 어제보다 토마토를 몇 kg 몇 g 더 많이 땄습니까?

[답]

5 선희는 무게가 6kg 700g인 포도를 무게가 1kg 800g인 상자에 넣었습니다. 포도를 넣은 상자의 무게는 몇 kg 몇 g입니까?

[답]

6 수아가 가방을 메고 무게를 재면 34kg 100g이고 가방을 메지 않고 무게를 재면 31kg 900g입니다. 가방의 무게는 몇 kg 몇 g입니까?

[답]

 사고력 학습

 창의력 학습

다음 세 종류의 양동이로 커다란 항아리에 **20L**의 물을 정확히 채우려고 합니다. 채우는 방법을 알아보시오.

[방법]

호석이는 가방을 메고 장난감을 안고 무게를 재어 보았습니다. 호석이의 몸무게는 가방의 무게보다 31kg 800g 더 무겁습니다. 장난감의 무게는 몇 kg 몇 g입니까?

[답]

✿ 이름 :

✿ 날짜 :

✿ 시간 :　　시　　분 ~ 　　시　　분

확인

경시대회 예상문제

1 들이의 계산 결과가 많은 것부터 차례로 기호를 쓰시오.

> ㉠ 1L 800mL + 3L 500mL
> ㉡ 8L 200mL − 2L 300mL
> ㉢ 3L 200mL + 2L 400mL

[답]

2 석유 난로 탱크에 석유가 들어 있었는데 한 시간에 500mL씩 4시간 사용하였더니 석유가 모두 떨어졌습니다. 석유 난로 탱크에 들어 있던 석유는 몇 L입니까?

[답]

3 생수통에 물이 10L 들어 있었습니다. 정호와 형규가 각각 1L 200mL씩 마셨습니다. 생수통에 남아 있는 물은 몇 L 몇 mL입니까?

[답]

4 매일 형은 1L, 동생은 800mL의 우유를 마십니다. 형과 동생이 일주일 동안 마신 우유는 몇 L 몇 mL입니까?

[답]

서술형·논술형

5 수형이네 집에는 식용유가 2L 있었습니다. 부침개를 하는데 420mL를 사용하고, 볶음 요리를 하는데 1L를 사용하고, 1L 200mL를 더 사 왔습니다. 수형이네 집에 있는 식용유는 몇 L 몇 mL인지 풀이 과정을 쓰고 답을 구하시오.

[답]

6 ㉮ 그릇의 들이는 ㉯ 그릇의 들이의 2배이고, ㉯ 그릇의 들이는 ㉰ 그릇의 들이의 2배입니다. ㉮, ㉯, ㉰ 그릇으로 각각 한 번씩 물을 가득 담아 들이가 7L인 통에 가득 채웠습니다. ㉰ 그릇의 들이는 몇 L입니까?

[답]

7 무게의 계산 결과가 3kg보다 가벼운 것을 찾아 기호를 쓰시오.

> ㉠ 7kg 600g－3kg 900g
> ㉡ 1kg 300g＋1kg 800g
> ㉢ 8kg 100g－5kg 500g

[답]

8 제과점에서 밀가루를 어제는 5kg 700g 사용했고, 오늘은 어제보다 1kg 600g 더 사용하였습니다. 어제와 오늘 사용한 밀가루의 무게는 모두 몇 kg입니까?

[답]

9 수정이의 몸무게는 29kg 800g이고, 가방의 무게는 1kg 600g입니다. 수정이가 가방을 메고, 도시락을 들고 저울에 올라가면 32kg 600g입니다. 도시락의 무게는 몇 kg 몇 g입니까?

[답]

10 접시에 똑같은 크기의 떡 5개를 담아 무게를 재었더니 4kg 200g이었습니다. 접시만의 무게가 1kg 700g이라면 떡 1개의 무게는 몇 g입니까?

[답]

서술형·논술형

11 배추와 무의 무게의 합은 2kg 100g이고, 무와 호박의 무게의 합은 2kg 400g입니다. 호박의 무게가 1kg 600g이면 배추의 무게는 몇 kg 몇 g인지 풀이 과정을 쓰고 답을 구하시오.

[답]

12 파인애플 1통의 무게는 사과 7개의 무게와 같고, 사과 6개의 무게는 멜론 2개의 무게와 같습니다. 멜론 1개의 무게가 600g일 때, 파인애플 1통의 무게는 몇 kg 몇 g입니까?

[답]

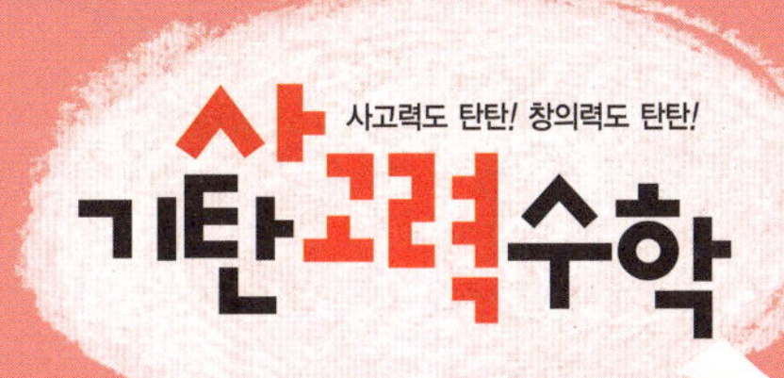

학습 관리표

학습 내용		이번 주는?
소수	· 0.1 · 소수 한 자리 수 · 자연수가 있는 소수 한 자리 수 · 소수의 크기 비교 · 창의력 학습 · 경시대회 예상문제	• 학습 방법 : ① 매일매일 ② 가끔 ③ 한꺼번에 　하였습니다. • 학습 태도 : ① 스스로 잘 ② 시켜서 억지로 　하였습니다. • 학습 흥미 : ① 재미있게 ② 싫증내며 　하였습니다. • 교재 내용 : ① 적합하다고 ② 어렵다고 ③ 쉽다고 　하였습니다.
지도 교사가 부모님께		**부모님이 지도 교사께**
평가	Ⓐ 아주 잘함　　　Ⓑ 잘함　　　Ⓒ 보통　　　Ⓓ 부족함	

원(교)　　　　반　　이름　　　　　　전화

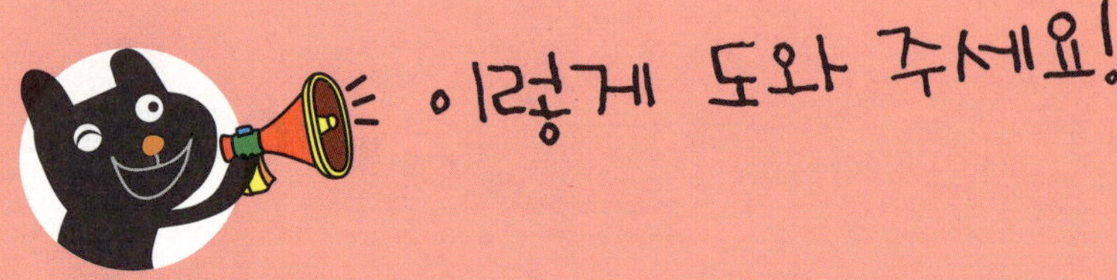

● 학습 목표

- 분모가 10인 분수를 소수로 나타낼 수 있습니다.
- 소수와 소수점을 이해할 수 있습니다.
- 수직선에 소수를 나타낼 수 있습니다.
- 길이 단위를 이용하여 소수를 나타낼 수 있습니다.
- 소수 한 자리 수의 소수를 읽고 쓸 수 있습니다.
- 소수를 수 막대에 표시하기와 0.1이 얼마인지를 알아보는 활동 등의 다양한 활동으로 소수의 크기를 비교할 수 있습니다.
- 소수 한 자리 수들의 크기를 알고 크기를 비교할 수 있습니다.

● 지도 내용

- 소수 한 자리 수의 개념을 형성하고 분수 $\dfrac{1}{10}$이 소수 0.1이라는 것을 약속하고 소수와 소수점의 약속을 이해합니다.
- 분모가 10인 분수를 소수로 나타내고 길이 단위인 mm를 cm로 나타내면서 소수를 이해합니다.
- 자연수와 소수로 대소수를 약속하고 자연수와 분모가 10인 분수를 소수로 나타냅니다.
- 소수를 수 막대에 색칠해서 크기를 비교하고 소수 0.1이 얼마인지를 알고 이를 이용해서 크기를 비교하고 소수의 크기를 비교하는 방법을 설명합니다.

● 지도 요점

소수를 처음으로 공부하는 단원으로 분모가 10인 분수를 통하여 소수 한 자리 수를 이해하고, 소수와 소수점을 이해하여 소수를 읽고 쓸 수 있게 합니다. 수직선에 소수를 나타낼 수 있도록 하고 길이 단위를 이용하여 소수로 나타내는 방법을 알게 합니다. 또한 소수 한 자리까지 나타내는 소수의 크기를 수 막대에 표시하는 활동과 0.1이 얼마인지를 알아보는 활동 등의 다양한 활동을 통하여 주어진 소수들의 크기를 비교할 수 있도록 합니다.

◆ 0.1 ◆

전체를 똑같게 10으로 나눈 것 중의 하나는 $\dfrac{1}{10}$ 입니다.

분수 $\dfrac{1}{10}$ 을 0.1이라 쓰고, 영점 일이라고 읽습니다.

0.1과 같은 수를 소수라 하고 '.'을 소수점이라고 합니다.

$$\dfrac{1}{10} = 0.1$$

1 전체의 길이가 1인 테이프를 똑같게 10개로 나누었습니다. 색칠한 부분을
분수와 소수로 각각 나타내시오.

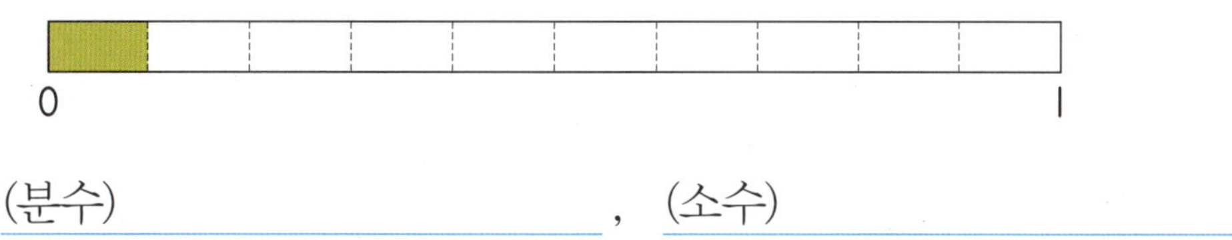

(분수) ________________ ,　(소수) ________________

2 오른쪽 그림에서 전체를 1로 보았을 때 색칠한 부분을 소수
로 쓰고 읽어 보시오.

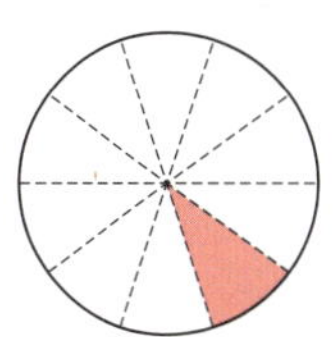

(쓰기) ________________ ,　(읽기) ________________

 0.1만큼 색칠하시오. [3~4]

3 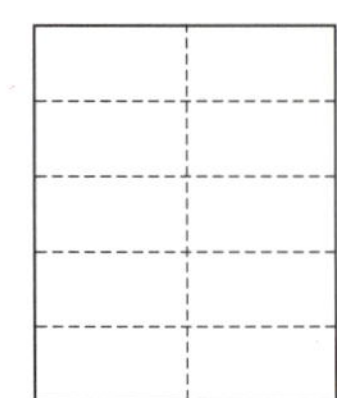

4 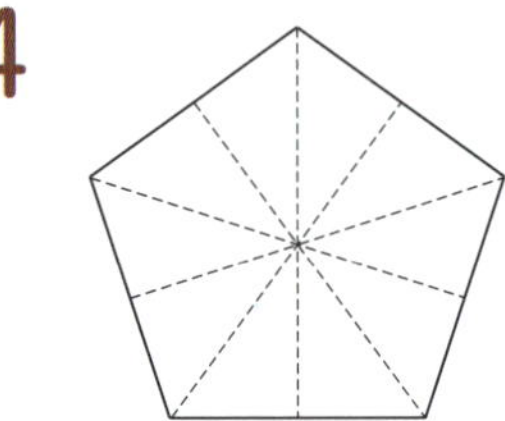

5 ☐ 안에 알맞은 소수를 써넣으시오.

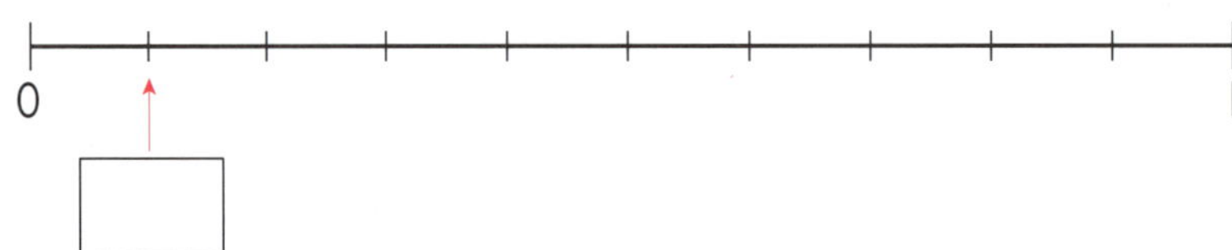

6 1mm는 몇 cm인지 분수와 소수로 각각 나타내시오.

(분수) ________________ , (소수) ________________

◆ 소수 한 자리 수(1) ◆

전체를 똑같게 10으로 나눈 것 중의 2개, 3개, ……, 9개는

$\dfrac{2}{10}$, $\dfrac{3}{10}$, ……, $\dfrac{9}{10}$ 입니다.

분수 $\dfrac{2}{10}$, $\dfrac{3}{10}$, ……, $\dfrac{9}{10}$ 를 0.2, 0.3, ……, 0.9 라 쓰고,

영점 이, 영점 삼, ……, 영점 구 라고 읽습니다.

0.1, 0.2, 0.3, ……과 같은 수를 소수라고 합니다.

1 전체의 길이가 1인 테이프를 똑같게 10개로 나누었습니다. 색칠한 부분을
분수와 소수로 나타내시오.

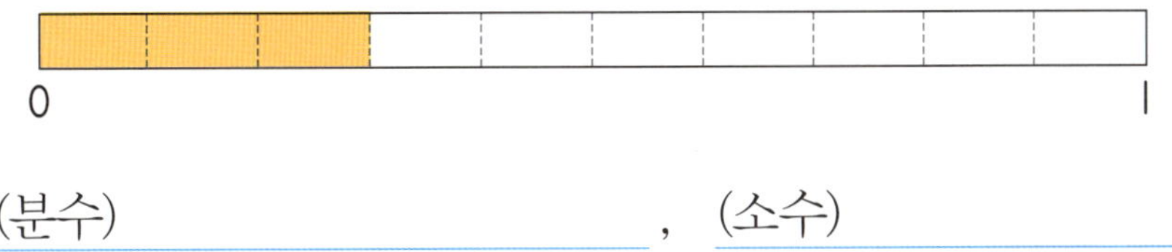

(분수) ________________________ , (소수) ________________________

2 □ 안에 알맞은 수를 써넣으시오.

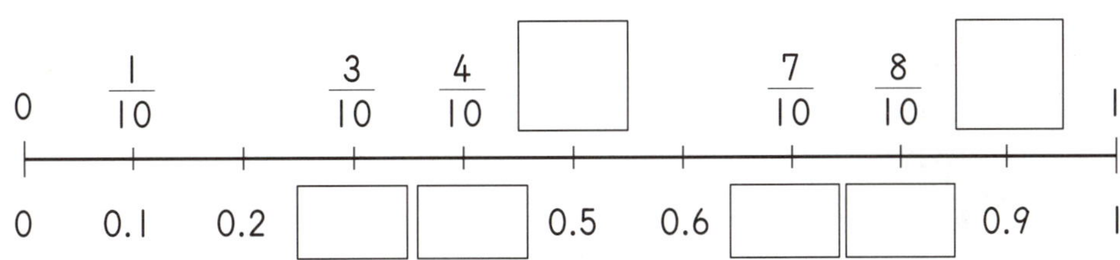

🐸 ☐ 안에 알맞은 소수를 써넣으시오. [3~4]

3

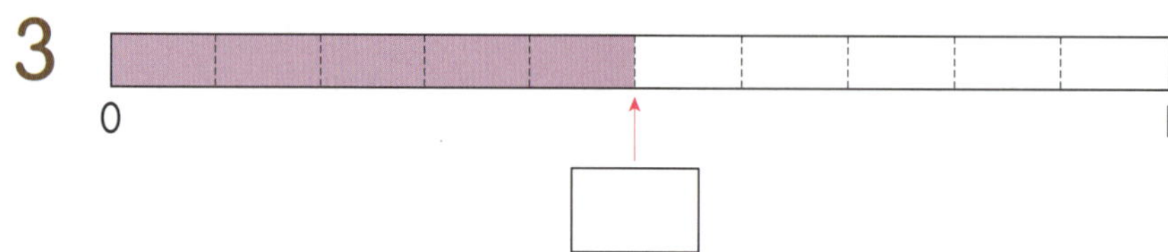

4

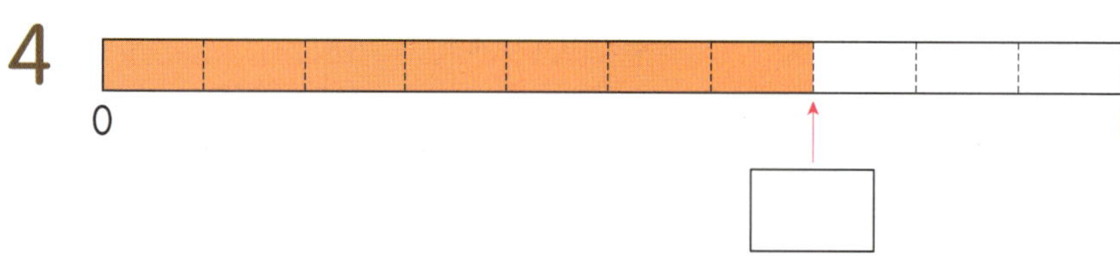

🐸 색칠한 부분을 소수로 나타내시오. [5~6]

5

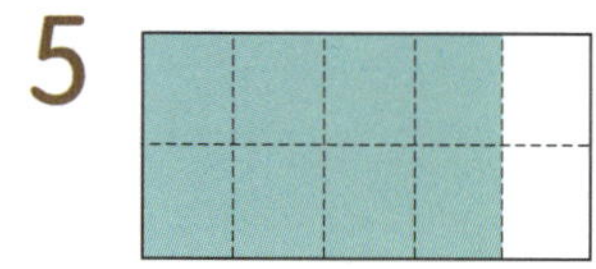

[답]

6

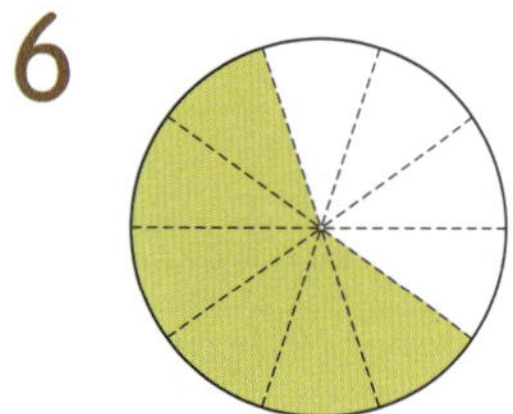

[답]

 사고력 학습

❀ 이름 :

❀ 날짜 :

❀ 시간 : 시 분 ~ 시 분

확인

◆ 소수 한 자리 수(2) ◆

🐸 □ 안에 알맞은 수를 써넣으시오. [1~8]

1 0.2는 0.1이 □ 개입니다.

2 0.5는 0.1이 □ 개입니다.

3 0.7은 0.1이 □ 개입니다.

4 0.9는 0.1이 □ 개입니다.

5 0.1이 3개이면 □ 입니다.

6 0.1이 4개이면 □ 입니다.

7 0.1이 6개이면 □ 입니다.

8 0.1이 8개이면 □ 입니다.

사고력 학습

 □ 안에 알맞은 소수를 써넣고 읽어 보시오. [9~16]

$9 \quad \dfrac{3}{10} = \boxed{}$ _____

$10 \quad \dfrac{5}{10} = \boxed{}$ _____

$11 \quad \dfrac{7}{10} = \boxed{}$ _____

$12 \quad \dfrac{2}{10} = \boxed{}$ _____

$13 \quad \dfrac{9}{10} = \boxed{}$ _____

$14 \quad \dfrac{8}{10} = \boxed{}$ _____

$15 \quad \dfrac{6}{10} = \boxed{}$ _____

$16 \quad \dfrac{4}{10} = \boxed{}$ _____

 사고력 학습

◆ **소수 한 자리 수(3)** ◆

□ 안에 알맞은 수를 써넣으시오. [1~5]

1 $\dfrac{5}{10}$ 는 $\dfrac{1}{10}$ 이 □ 개이고, 0.5는 0.1이 □ 개입니다.

2 $\dfrac{7}{10}$ 은 $\dfrac{1}{10}$ 이 □ 개이고, 0.7은 0.1이 □ 개입니다.

3 $\dfrac{3}{10}$ 은 $\dfrac{1}{10}$ 이 □ 개이고, 0.3은 0.1이 □ 개입니다.

4 $\dfrac{9}{10}$ 는 $\dfrac{1}{10}$ 이 □ 개이고, 0.9는 0.1이 □ 개입니다.

5 $\dfrac{8}{10}$ 은 $\dfrac{1}{10}$ 이 □ 개이고, 0.8은 0.1이 □ 개입니다.

물음에 답하시오. [6~9]

6 2mm는 몇 cm인지 분수와 소수로 각각 나타내시오.

(분수) ____________________ , (소수) ____________________

7 8mm는 몇 cm인지 분수와 소수로 각각 나타내시오.

(분수) ____________________ , (소수) ____________________

8 4mm는 몇 cm인지 분수와 소수로 각각 나타내시오.

(분수) ____________________ , (소수) ____________________

9 6mm는 몇 cm인지 분수와 소수로 각각 나타내시오.

(분수) ____________________ , (소수) ____________________

◆ 소수 한 자리 수(4) ◆

1 주어진 소수를 수직선에 나타내시오.

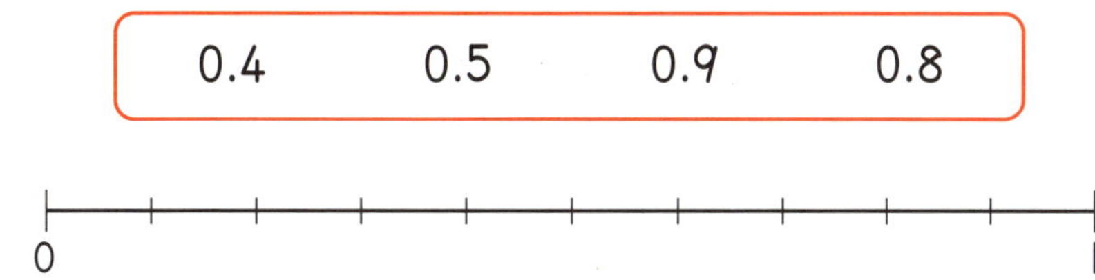

2 서로 관계있는 것끼리 선으로 이어 보시오.

$\frac{3}{10}$	0.9	영점 오
$\frac{5}{10}$	0.5	영점 구
$\frac{9}{10}$	0.3	영점 삼

3 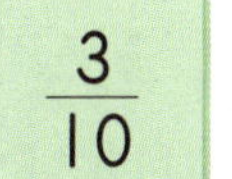 $\frac{1}{10}$ 이 7개인 수를 소수로 나타내면 얼마입니까?

[답]

사고력 학습

4 □ 안에 알맞은 수의 합을 구하시오.

읽기	영점 삼	영점 오	영점 팔
쓰기	0.□	0.□	0.□

[답]

5 지현이는 피자를 똑같게 10조각으로 나누어진 것 중에 3조각을 먹었습니다. 지현이가 먹은 피자는 전체의 얼마인지 소수로 나타내시오.

[답]

6 효진이는 공책의 두께를 재어 보았더니 0.4 cm였습니다. 공책의 두께는 몇 mm입니까?

[답]

 사고력 학습

◆ **자연수가 있는 소수 한 자리 수(1)** ◆

2와 0.3만큼을 2.3이라 쓰고 이점 삼이라고 읽습니다.

1 2와 $\dfrac{7}{10}$을 소수로 어떻게 나타내는지 알아보려고 합니다. 물음에 답하시오.

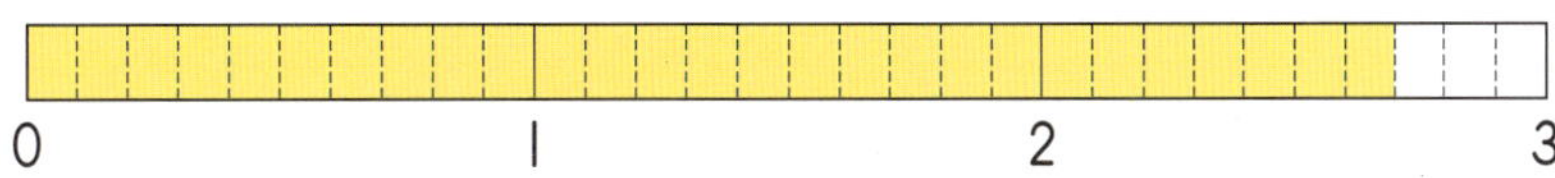

(1) $\dfrac{7}{10}$은 소수로 얼마입니까?

[답]

(2) 2와 $\dfrac{7}{10}$을 소수로 나타내시오.

[답]

🐸 소수를 읽어 보시오. [2~3]

2 1.8 ➡

3 4.9 ➡

🐸 소수로 나타내시오. [4~5]

4 이점 육 ➡

5 오점 사 ➡

😊 ☐ 안에 알맞은 소수를 써넣으시오. [6~10]

6

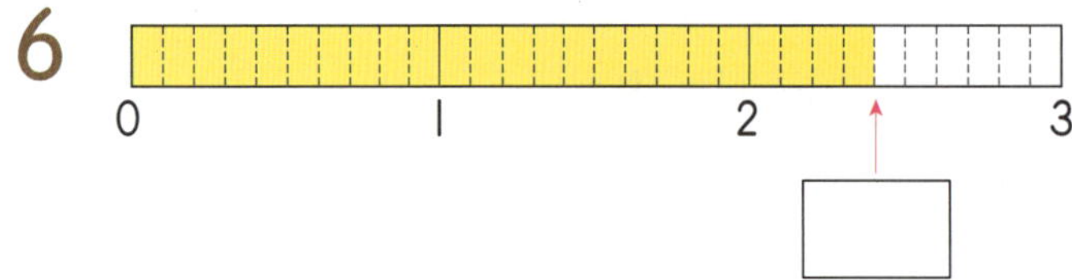

7

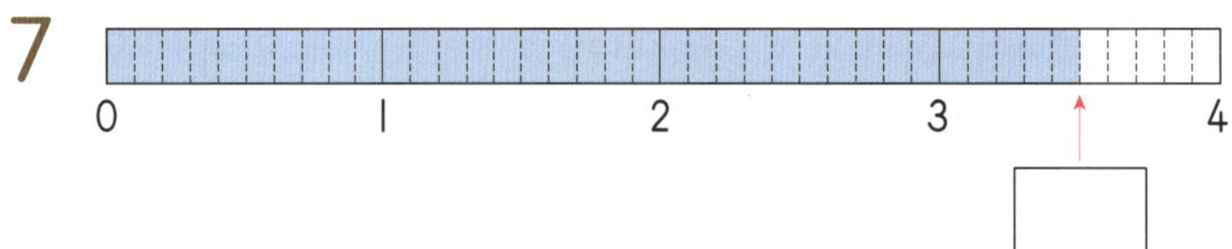

8

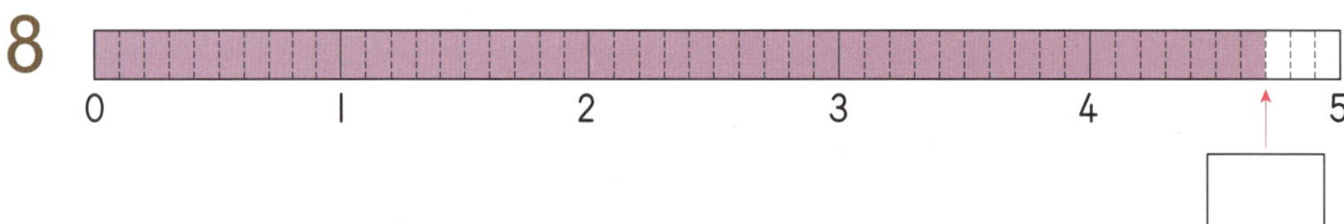

9

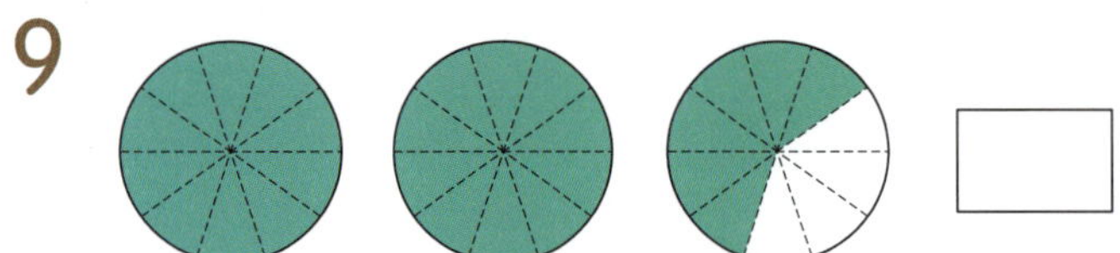

10

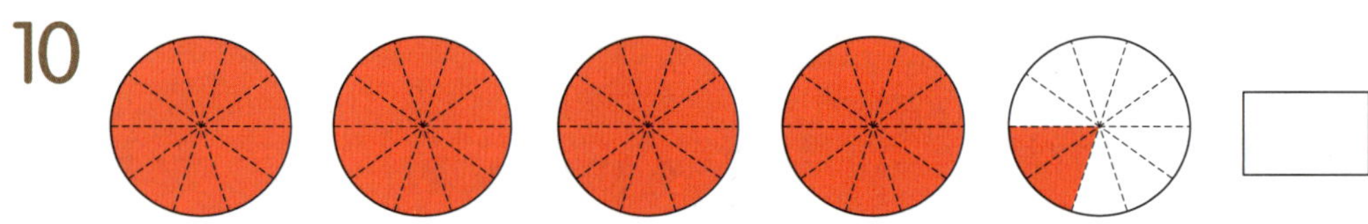

사고력 학습

✿ 이름 :
✿ 날짜 :
✿ 시간 : 시 분 ~ 시 분

확인

◆ **자연수가 있는 소수 한 자리 수(2)** ◆

□ 안에 알맞은 수나 말을 써넣으시오. [1~6]

1 0.1이 17개이면 □이고 □이라고 읽습니다.

2 0.1이 38개이면 □이고 □이라고 읽습니다.

3 0.1이 55개이면 □이고 □라고 읽습니다.

4 6.4는 0.1이 □개이고 □라고 읽습니다.

5 2.9는 0.1이 □개이고 □라고 읽습니다.

6 7.1은 0.1이 □개이고 □이라고 읽습니다.

🐸 □ 안에 알맞은 소수를 써넣으시오. [7~16]

7 1cm 3mm = ☐ cm

8 2cm 5mm = ☐ cm

9 5cm 2mm = ☐ cm

10 4cm 8mm = ☐ cm

11 3cm 7mm = ☐ cm

12 8cm 9mm = ☐ cm

13 6cm 1mm = ☐ cm

14 5cm 6mm = ☐ cm

15 7cm 4mm = ☐ cm

16 9cm 5mm = ☐ cm

◆ 자연수가 있는 소수 한 자리 수(3) ◆

1 □ 안에 알맞은 소수를 써넣으시오.

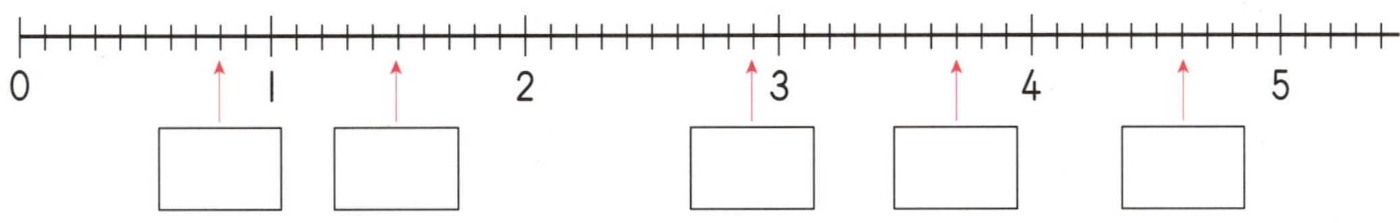

2 다음을 소수로 쓰고 읽어 보시오.

$$9와 \frac{7}{10} 만큼인 수$$

(쓰기) ________________ , (읽기) ________________

3 그림을 보고 □ 안에 알맞은 수를 써넣으시오.

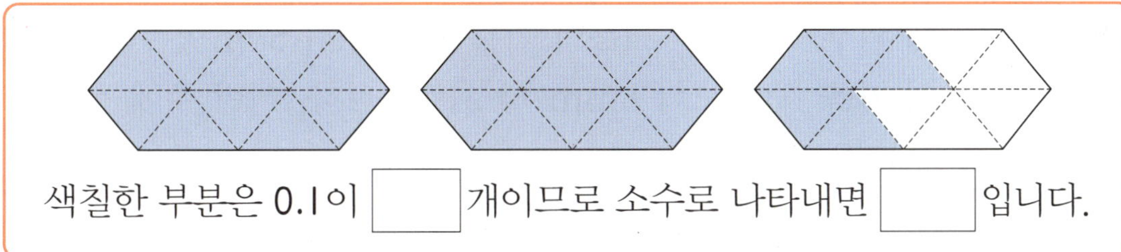

색칠한 부분은 0.1이 □ 개이므로 소수로 나타내면 □ 입니다.

4 연필의 길이는 몇 cm인지 소수로 나타내시오.

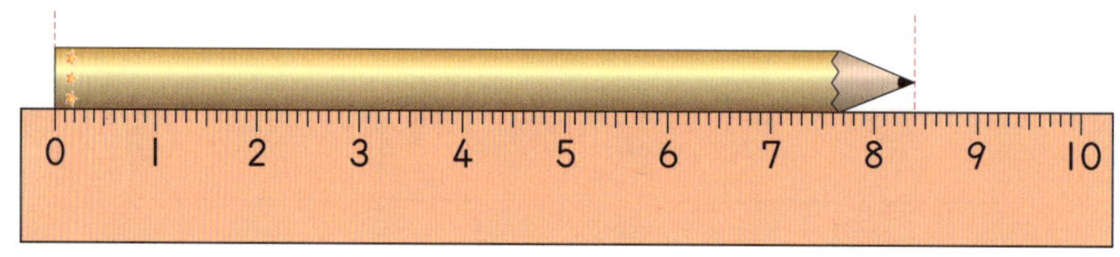

[답]

5 바늘의 길이를 재어 보니 34mm입니다. 바늘의 길이는 몇 cm입니까?

[답]

6 지난 주에 원주가 키우는 식물의 키를 재어 보니 5cm였습니다. 이번 주에 식물의 키를 재어 보니 6mm 더 자랐습니다. 이번 주에 식물의 키는 몇 cm입니까?

[답]

 사고력 학습

◆ 이름 :

◆ 날짜 :

◆ 시간 : 시 분 ~ 시 분

확인

◆ 소수의 크기 비교(1) ◆

그림을 보고 두 수의 크기를 비교하여 ○ 안에 >, <를 알맞게 써넣으시오.
[1~3]

1

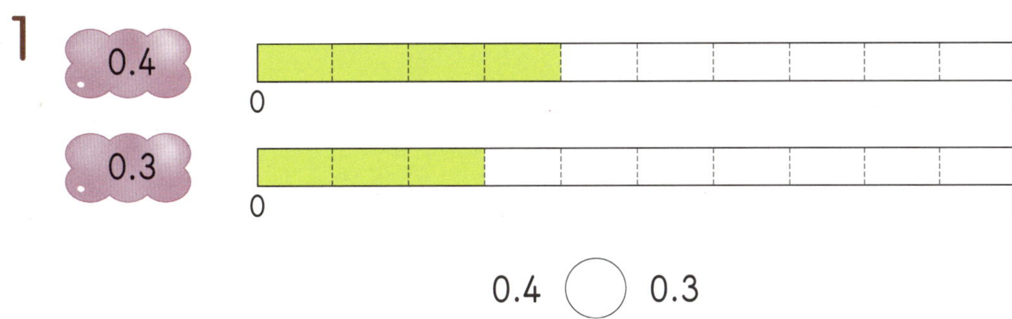

0.4 ○ 0.3

2

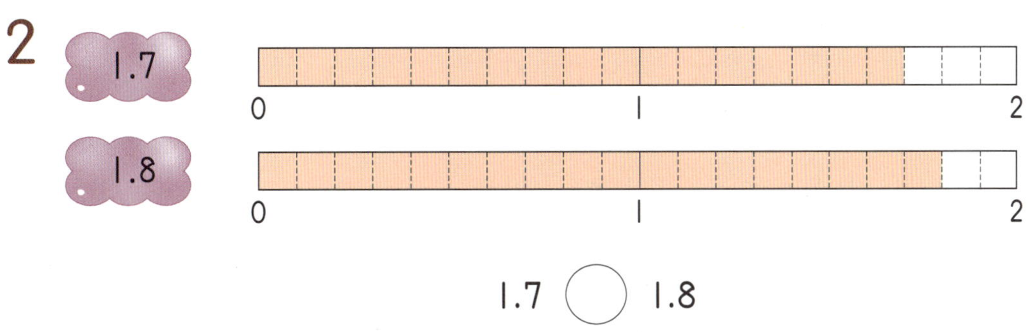

1.7 ○ 1.8

3

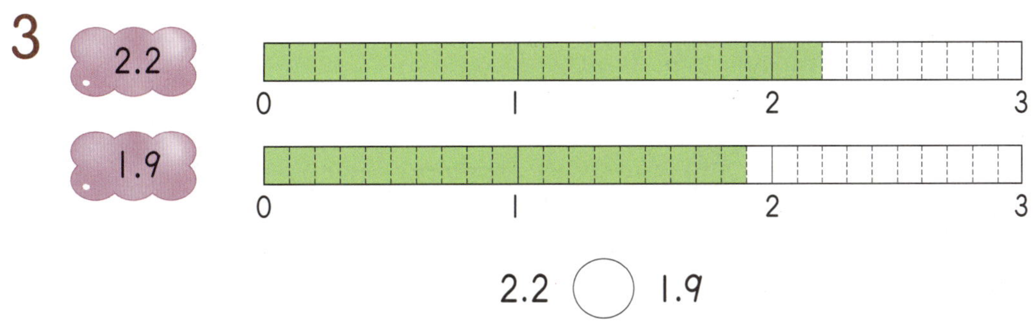

2.2 ○ 1.9

🐸 ☐ 안에 알맞은 수를 써넣고 ○ 안에 >, <를 알맞게 써넣으시오. [4~8]

4 0.5는 0.1이 ☐ 개이고 0.7은 0.1이 ☐ 개입니다.

➡ 0.5 ○ 0.7

5 0.8은 0.1이 ☐ 개이고 0.4는 0.1이 ☐ 개입니다.

➡ 0.8 ○ 0.4

6 1.6은 0.1이 ☐ 개이고 1.3은 0.1이 ☐ 개입니다.

➡ 1.6 ○ 1.3

7 3.9는 0.1이 ☐ 개이고 3.8은 0.1이 ☐ 개입니다.

➡ 3.9 ○ 3.8

8 4.7은 0.1이 ☐ 개이고 5.1은 0.1이 ☐ 개입니다.

➡ 4.7 ○ 5.1

◆ 소수의 크기 비교(2) ◆

소수의 크기만큼 색칠하고 비교하여 ○ 안에 >, =, <를 알맞게 써넣으시오. [1~2]

1

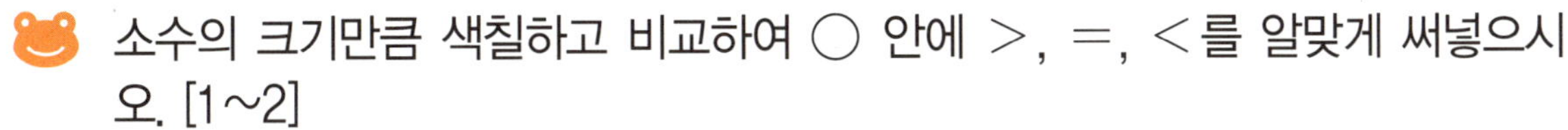

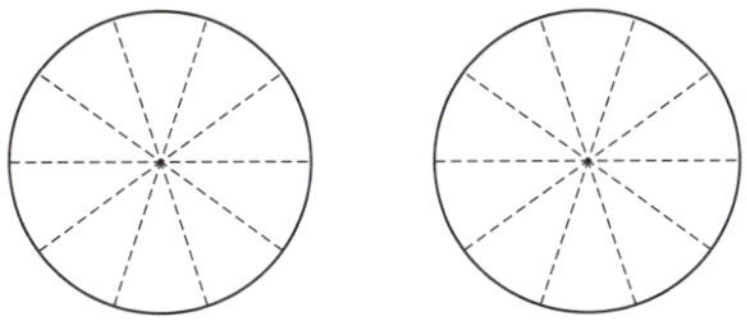

0.7 ◯ 0.6

2

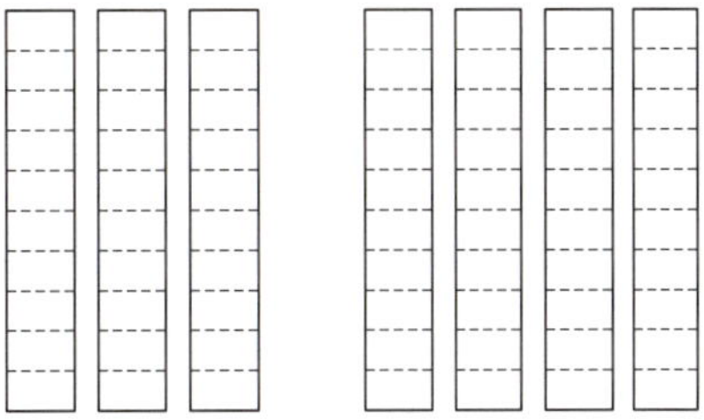

2.8 ◯ 3.2

3 0.5와 0.9를 수직선에 나타내고, 두 수의 크기를 비교하여 ○ 안에 >, =, <를 알맞게 써넣으시오.

0.5 ◯ 0.9

4 두 수의 크기 비교가 잘못된 것을 찾아 기호를 쓰시오.

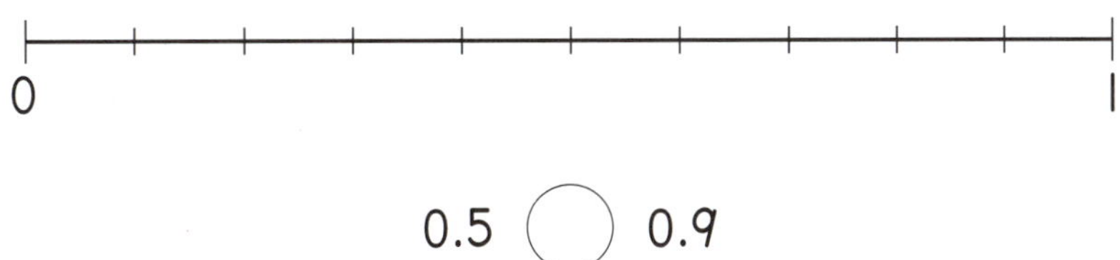

[답]

두 수의 크기를 비교하여 ○ 안에 >, =, < 를 알맞게 써넣으시오. [5~14]

5 1.6 ○ 1.3

6 3.4 ○ 3.2

7 0.8 ○ 0.6

8 0.5 ○ 1

9 1.7 ○ 1.5

10 2.3 ○ 2.1

11 1.9 ○ 2.4

12 4.9 ○ 3.3

13 5 ○ 6.2

14 7.7 ○ 8

◆ 소수의 크기 비교(3) ◆

두 수의 크기를 비교하여 ○ 안에 >, =, <를 알맞게 써넣으시오. [1~2]

1 0.1이 6개인 수 ○ 0.1이 9개인 수

2 0.1이 34개인 수 ○ 0.1이 27개인 수

3 길이가 더 긴 것에 ○표 하시오.

5.8cm   61mm

(   )   (   )

4 0.5보다 작은 소수를 모두 찾아 쓰시오.

0.7   0.1   0.6   0.4

[답]

5 가장 큰 수와 가장 작은 수를 각각 찾아 쓰시오.

3.4	0.7	5	4.2

(가장 큰 수) ________________ , (가장 작은 수) ________________

6 수의 크기를 비교하여 큰 소수부터 차례로 쓰시오.

0.4	2.1	1.8	3.7

[답] ________________

7 4.1보다 큰 수를 모두 찾아 쓰시오.

2.4	4	5.1	3.2	4.6

[답] ________________

사고력 학습

◆ 소수의 크기 비교(4) ◆

1 우유를 수철이는 0.8L 마셨고, 동진이는 0.5L 마셨습니다. 누가 우유를 더 많이 마셨습니까?

[답]

2 용선이네 집에서 서점까지의 거리는 1.4km이고 백화점까지의 거리는 2.3km입니다. 용선이네 집에서 서점과 백화점 중 어느 곳이 더 멀리 떨어져 있습니까?

[답]

3 비가 어제는 110mm 내리고, 오늘은 9.9cm 내렸습니다. 어제와 오늘 중 비가 더 많이 내린 날은 언제입니까?

[답]

4 영미가 가지고 있는 연필의 길이는 **9.5cm**이고 진수가 가지고 있는 연필의 길이는 **9cm 8mm**입니다. 누구의 연필이 더 깁니까?

[답]

5 미술 시간에 철사를 진규는 **3.1cm**, 수희는 **29mm**, 만호는 **3cm 3mm** 사용하였습니다. 철사를 많이 사용한 순서대로 이름을 쓰시오.

[답]

6 성희가 가지고 있는 색 테이프의 길이는 **8cm**보다 **0.4cm** 더 길고, 호영이가 가지고 있는 색 테이프의 길이는 **8.2cm**입니다. 누구의 색 테이프가 더 깁니까?

[답]

 사고력 학습

🌐 창의력 학습

선민, 동호, 주현이는 똑같은 크기의 빵을 한 개씩 가지고 있었습니다. 그림은 각자 가지고 있는 빵을 똑같게 10조각으로 나누어서 몇 조각을 먹고 남은 빵입니다. 동호는 선민이보다 많게, 주현이보다 적게 먹었을 때 남은 빵은 얼마만큼인지 동호의 빵에 색칠하고 남은 빵을 소수로 나타내어 보시오.

[답]

다음 글을 읽고 빨리 달리는 말부터 차례로 알아보시오.

- 경마장에서 말 **4**마리가 경주를 하고 있습니다.
- 흰색 말은 출발점에 있습니다.
- 검은색 말은 흰색 말보다 **0.2km** 앞에 있습니다.
- 갈색 말은 검정색 말보다 **0.4km** 앞에 있습니다.
- 갈색 말은 회색 말보다 **0.3km** 뒤에 있습니다.

(1) 흰색 말을 0으로 나타낼 때 다른 색 말들은 어디에 있는지 소수로 나타내시오.

(검은색 말)   km

(갈색 말)   km

(회색 말)   km

(2) 수직선 위에 말 **4**마리의 위치를 나타내시오.

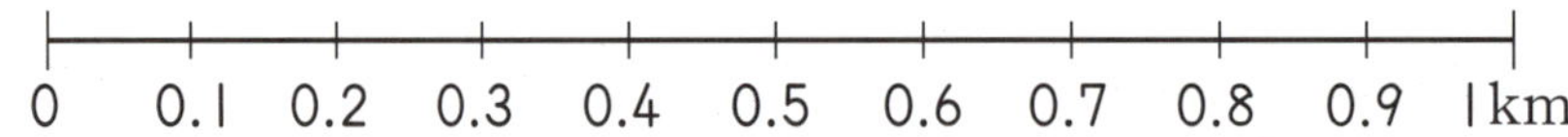

(3) 빨리 달리는 말부터 차례로 쓰시오.

[답]

창의력 학습

✚ 경시대회 예상문제

1 전체를 I로 보았을 때 색칠한 부분을 소수로 나타내시오.

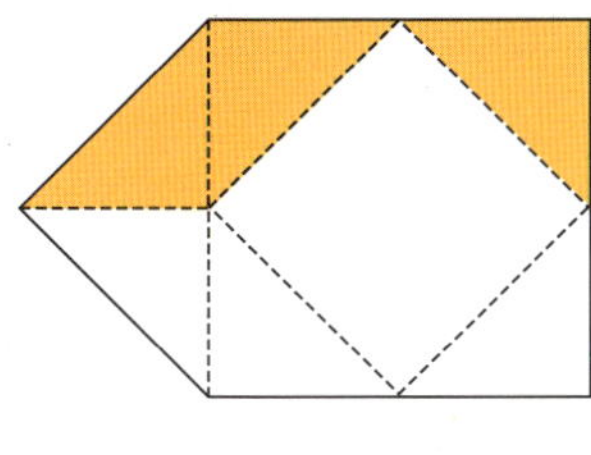

[답] ______________________

 □ 안에 들어갈 수 있는 수를 모두 찾아 ○표 하시오. [2~3]

2 0.6 < 0.□　(5 , 6 , 7 , 8 , 9)

3 3.□ < 3.4　(I , 2 , 3 , 4 , 5)

4 I에서 9까지의 수 중에서 □ 안에 들어갈 수 있는 수는 모두 몇 개입니까?

$$4.3 < 4.\square < 4.8$$

[답] ______________________

5 4장의 숫자 카드 중에서 2장을 뽑아 ▲.●와 같은 소수를 만들었을 때 가장 큰 소수와 가장 작은 소수를 각각 쓰시오.

(가장 큰 소수) ____________ , (가장 작은 소수) ____________

6 0.5보다 큰 수를 모두 찾아 쓰시오.

$$3.2 \qquad \frac{4}{10} \qquad 0.3 \qquad 5.1 \qquad \frac{8}{10} \qquad 1.9$$

[답] ____________

7 주어진 조건에 맞는 소수 한 자리 수는 얼마입니까?

- 0.1과 0.9 사이의 수입니다.
- $\dfrac{5}{10}$ 보다 큰 수입니다.
- 0.7보다 작은 수입니다.

[답] ____________

8 작은 수부터 차례로 기호를 쓰시오.

> ㉠ 2와 0.7만큼의 수 ㉡ 2.9
>
> ㉢ 0.1이 23개인 수 ㉣ 2와 $\dfrac{4}{10}$인 수

[답] ________________

9 주어진 조건에 맞는 소수 한 자리 수를 모두 구하시오.

> • 0.1이 3개인 수보다 큰 수입니다.
> • $\dfrac{1}{10}$이 8개인 수보다 작은 수입니다.

[답] ________________

10 직사각형의 가로는 3cm이고, 세로는 가로보다 7mm 더 깁니다. 직사각형의 네 변의 길이의 합은 몇 cm인지 풀이 과정을 쓰고 답을 구하시오.

____

____

[답] ________________

11 $\dfrac{1}{2}$을 소수로 어떻게 나타낼 수 있는지 풀이 과정을 쓰고 답을 구하시오.

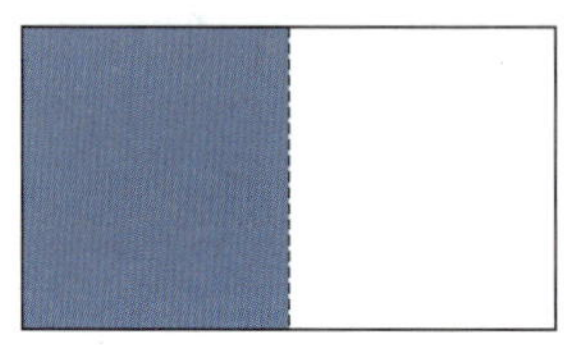

[답]

12 기영이네 주말 농장을 10곳으로 똑같게 나누어서 전체의 $\dfrac{4}{10}$는 감자를 심고, 나머지의 반은 파를 심었습니다. 파를 심은 땅은 전체의 얼마인지 소수로 나타내시오.

[답]

13 길이가 1m인 끈 중에서 작은 상자를 묶는데 $\dfrac{3}{10}$m를 사용하고, 큰 상자를 묶는데 $\dfrac{6}{10}$m를 사용하였습니다. 상자를 묶는데 사용하고 남은 끈의 길이는 몇 m인지 소수로 나타내시오.

[답]

학습 관리표

학습 내용	이번 주는?
확인 학습 · 나눗셈 · 들이와 무게 · 소수 · 창의력 학습 · 경시대회 예상문제 · 성취도 테스트	· 학습 방법 : ① 매일매일　② 가끔　③ 한꺼번에 　하였습니다. · 학습 태도 : ① 스스로 잘　② 시켜서 억지로 　하였습니다. · 학습 흥미 : ① 재미있게　② 싫증내며 　하였습니다. · 교재 내용 : ① 적합하다고 ② 어렵다고 ③ 쉽다고 　하였습니다.
지도 교사가 부모님께	**부모님이 지도 교사께**

평가	Ⓐ 아주 잘함	Ⓑ 잘함	Ⓒ 보통	Ⓓ 부족함

원(교)　　　　　　반　이름　　　　　　전화

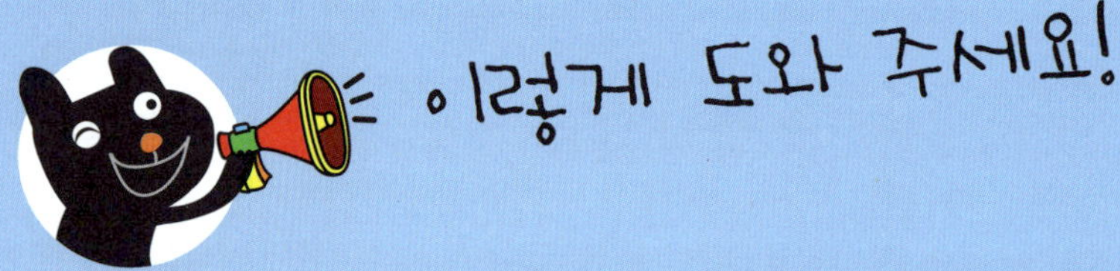

● 학습 목표
– (몇십)÷(몇), (몇십 몇)÷(몇)의 계산 원리와 방법을 이해하고 계산할 수 있습니다.
– 나눗셈의 몫과 나머지를 이해하고, 나눗셈식을 검산할 수 있습니다.
– 들이와 무게를 각각 비교할 수 있고 들이와 무게를 각각 단명수와 복명수로 표현할 수 있습니다.
– 들이와 무게의 합과 차를 구할 수 있습니다.
– 분모가 10인 분수를 소수로 나타낼 수 있습니다.
– 소수 한 자리 수의 소수를 읽고 쓰고, 소수 한 자리 수들의 크기를 비교할 수 있습니다.

● 지도 내용
– (몇십)÷(몇), (몇십 몇)÷(몇)의 계산 원리와 방법을 이해하고 계산해 봅니다.
– 나눗셈의 몫과 나머지를 이해하고, 나눗셈식을 검산해 봅니다.
– 들이와 무게를 각각 비교하고 들이와 무게를 각각 단명수와 복명수로 표현해 봅니다.
– 들이와 무게의 합과 차를 구할 수 있습니다.
– 분모가 10인 분수를 소수로 나타내고 길이 단위인 mm를 cm로 나타내면서 소수를 이해합니다.
– 소수 한 자리 수의 소수를 읽고 쓰고 소수 한 자리 수들의 크기를 비교해 봅니다.

● 지도 요점
앞에서 학습한 나눗셈, 들이와 무게, 소수를 확인 학습하는 주입니다. 여러 유형의 문제를 접해 보게 함으로써 아이가 학습한 지식을 잘 응용할 수 있도록 지도합니다. 그리고 성취도 테스트를 이용해서 주어진 시간 내에 주어진 문제를 푸는 연습을 하도록 지도합니다.

✿ 이름 :

✿ 날짜 :

✿ 시간 :　　시　　분 ～　　시　　분

확인 학습

◆ **나눗셈** ◆

1 ☐ 안에 알맞은 수를 써넣으시오.

$$6 \div 3 = \boxed{} \quad \Rightarrow \quad 60 \div 3 = \boxed{}$$

2 ☐ 안에 알맞은 수를 써넣으시오.

$$84 \div 4 = \boxed{}$$
$$80 \div 4 = \boxed{}$$
$$4 \div 4 = \boxed{}$$

3 ☐ 안에 알맞은 수를 써넣으시오.

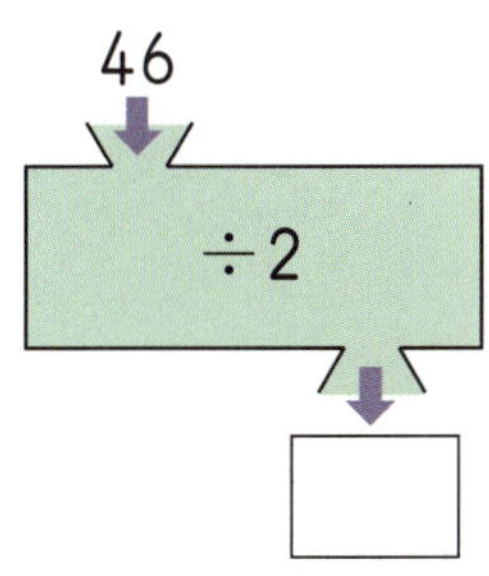

4 나눗셈의 몫과 나머지를 각각 구하려고 합니다. □ 안에 알맞은 수를 써 넣으시오.

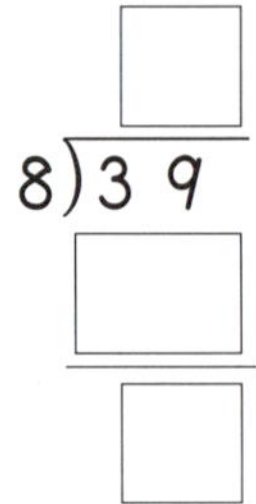

5 다음 중 나누어떨어지는 것을 모두 찾아 기호를 쓰시오.

| ㉠ $34 \div 4$ | ㉡ $40 \div 8$ |
| ㉢ $28 \div 7$ | ㉣ $41 \div 6$ |

[답] ___________

6 나눗셈의 몫과 나머지를 각각 구하고, 검산하시오.

$$29 \div 3$$

(몫) ___________ , (나머지) ___________

(검산) ___________

7 □ 안에 알맞은 수를 써넣으시오.

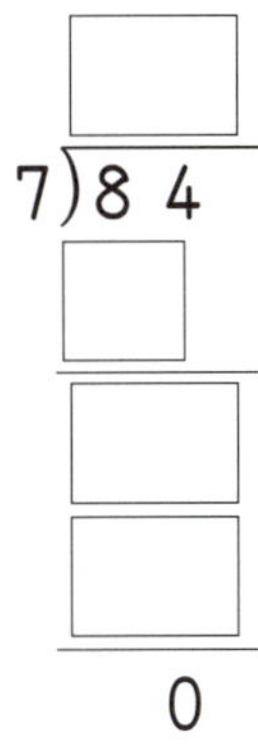

8 나눗셈의 몫의 크기를 비교하여 ○ 안에 >, =, <를 알맞게 써넣으시오.

$$72 \div 4 \quad \bigcirc \quad 85 \div 5$$

9 나눗셈 중에서 나머지가 **4**가 될 수 없는 것을 찾아 기호를 쓰시오.

㉠ □÷6	㉡ □÷4
㉢ □÷8	㉣ □÷9

[답] ______________________

10 빈 곳에 알맞은 수를 써넣으시오.

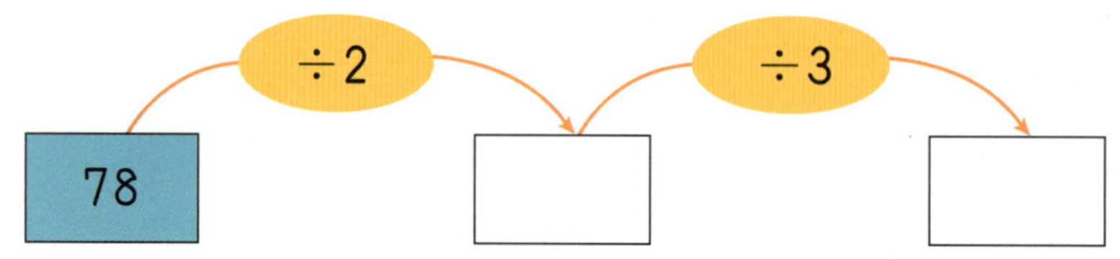

11 나눗셈의 몫과 나머지를 각각 구하고, 검산하시오.

$$4\overline{)9\ 4}$$

(검산)

12 잘못된 곳을 찾아 바르게 고치시오.

$$5\overline{)9\ 7}$$

13 나눗셈의 나머지가 가장 큰 것에 ◯표 하시오.

$46 \div 3$	$76 \div 7$	$93 \div 8$
( )	( )	( )

14 다음 검산식을 보고 나눗셈식을 쓰시오.

$$3 \times 26 + 2 = 80$$

(나눗셈식) ☐ ÷ ☐ = ☐ … ☐

15 나눗셈의 몫이 큰 것부터 차례로 기호를 쓰시오.

㉠ $99 \div 9$ ㉡ $94 \div 5$
㉢ $51 \div 6$ ㉣ $78 \div 4$

[답]

16 ☐ 안에 알맞은 수를 구하시오.

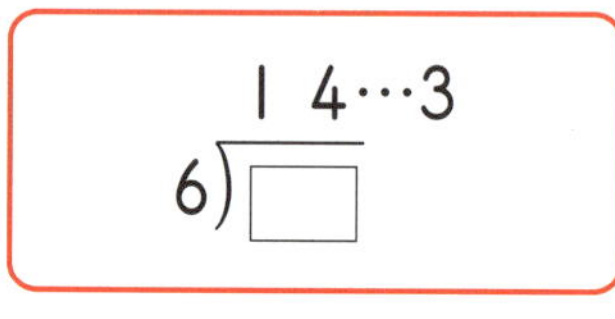

[답]

17 ★에 들어갈 수 있는 수 중에서 가장 큰 수를 구하시오.

$$★ \div 9 = 3 \cdots ●$$

[답]

18 ☐ 안에 알맞은 수를 써넣으시오.

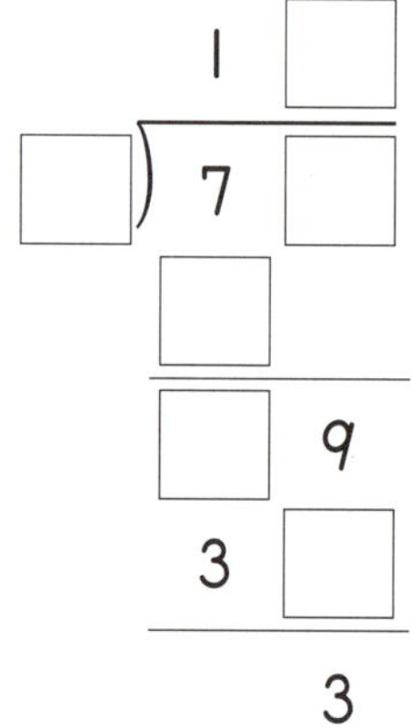

19 사과 42개를 한 접시에 3개씩 담으려고 합니다. 접시는 모두 몇 개 필요합니까?

[답] ____________________

20 진우는 문제집 5쪽을 푸는 데 1시간이 걸립니다. 문제집 한 쪽을 푸는데 몇 분이 걸린 셈입니까?

[답] ____________________

21 색 테이프 87cm가 있습니다. 장미 1개를 만드는데 색 테이프가 8cm 필요하다면 이 색 테이프로 장미를 모두 몇 개 만들 수 있고 몇 cm가 남습니까?

[답] ____________ 개 , ____________ cm

22 연필 3타를 한 명에게 5자루씩 나누어 주려고 합니다. 연필을 몇 명에게 나누어 줄 수 있고 몇 자루가 남습니까?

[답] ________________ 명 , ________________ 자루

23 어떤 수를 8로 나누었더니 몫이 12이고, 나머지는 3이었습니다. 어떤 수를 5로 나누면 몫과 나머지는 각각 얼마입니까?

(몫) ________________ , (나머지) ________________

24 다음 3장의 숫자 카드를 한 번씩 사용하여 두 자리 수를 만들고 남은 한 수로 나누었을 때 나머지가 가장 크게 되는 나눗셈식을 쓰시오.

$$\boxed{} \div \boxed{} = \boxed{} \cdots \boxed{}$$

확인 학습

◆ **들이와 무게** ◆

1 그릇 ㉮와 ㉯에 물을 가득 채웠다가 모양과 크기가 같은 컵에 담았더니 그림과 같이 되었습니다. 그릇 ㉮와 ㉯ 중 어느 것의 들이가 더 많습니까?

[답] ____________________

2 꽃병과 주전자의 들이를 비교하려고 합니다. 각 그릇에 물을 가득 채웠다가 모양과 크기가 같은 컵에 각각 따랐습니다. 어느 그릇의 들이가 더 많습니까?

[답] ____________________

🐸 ☐ 안에 알맞은 수를 써넣으시오. [3~4]

3 3L 900mL = ☐ mL

4 7040mL = ☐ L ☐ mL

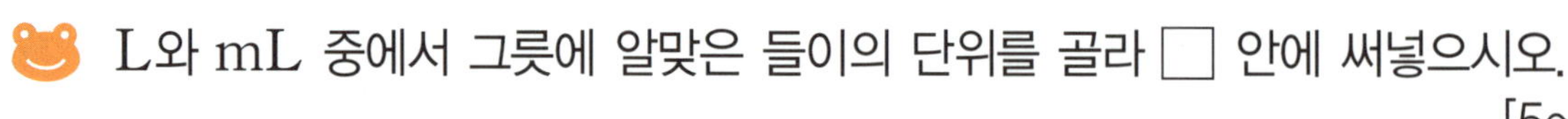

L와 mL 중에서 그릇에 알맞은 들이의 단위를 골라 ☐ 안에 써넣으시오.
[5~6]

5 

340 ☐

6 

3 ☐

7 들이를 비교하여 ◯ 안에 >, =, <를 알맞게 써넣으시오.

8L 160mL ◯ 8060mL

들이의 합과 차를 구하시오. [8~9]

8　　5L 400mL
　　＋3L 500mL

9　　10L 700mL
　　－ 6L 200mL

확인 학습

10 □ 안에 알맞은 수를 써넣으시오.

$$\boxed{}\ mL + 3L\ 800mL = 5L\ 500mL$$

11 들이가 가장 많은 것과 가장 적은 것의 합은 몇 L입니까?

3L 800mL	3700mL
2200mL	2L 400mL

[답]

12 진미는 물을 1L 200mL 가지고 와서 항아리에 부었고, 민호는 2L 500mL 가지고 와서 항아리에 부었습니다. 항아리에 들어 있는 물은 모두 몇 L 몇 mL입니까?

[답]

13 제과점에 우유가 6L 800mL 있었습니다. 그중에서 빵을 만드는데 3L 500mL를 사용하였습니다. 남아 있는 우유는 몇 L 몇 mL입니까?

[답]

14 빨간색 페인트 5L 600mL와 흰색 페인트 3L 200mL를 섞어서 분홍색 페인트를 만들었습니다. 그중에서 4L 900mL를 사용했습니다. 남아 있는 페인트는 몇 L 몇 mL입니까?

[답]

15 어떤 자동차에 휘발유가 45L 들어 있었습니다. 휘발유를 어제는 10L 650mL, 오늘은 9965mL를 사용하였습니다. 자동차에 남아 있는 휘발유는 몇 L 몇 mL입니까?

[답]

확인 학습

확인 학습

16 감과 귤 중에서 어느 것이 100원짜리 동전 몇 개만큼 더 무겁습니까?

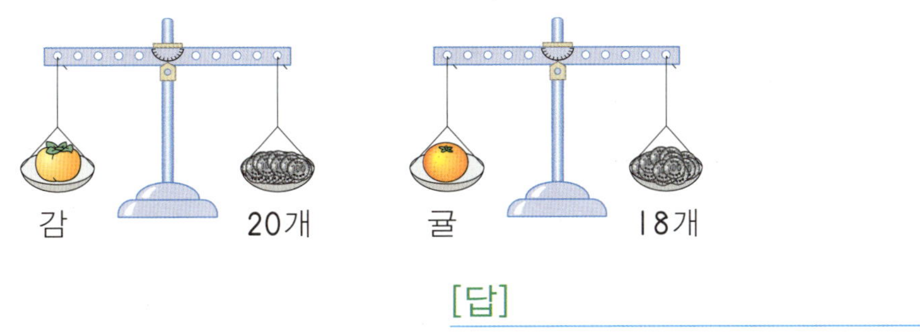

[답]

17 상자의 무게는 몇 kg 몇 g입니까?

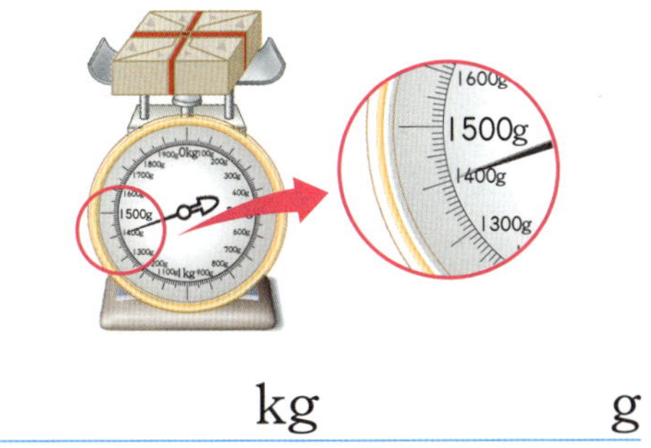

kg　　　　　g

🐸 □ 안에 알맞은 수를 써넣으시오. [18~19]

18 3kg 700g = □ g

19 4900g = □ kg □ g

확인 학습

20 무게의 크기를 비교하여 무거운 것부터 차례로 기호를 쓰시오.

> ㉠ 6kg 600g ㉡ 6060g
> ㉢ 6900g ㉣ 6kg 90g

[답]

🐸 무게의 합과 차를 구하시오. [21~22]

21   5kg 700g
      + 3kg 200g

22   11kg 600g
      − 7kg 300g

23 두 무게의 차는 몇 kg 몇 g입니까?

> 2kg 600g   6kg 400g

[답]

확인 학습

G-293a

확인 학습

24 ○ 안에 >, =, <를 알맞게 써넣으시오.

3kg 200g＋4kg 800g ◯ 5kg 100g＋2kg 700g

25 준희, 용선, 정아가 1kg인 물건의 무게를 각각 어림한 것을 나타낸 것입니다. 누가 가장 가깝게 어림하였습니까?

준희: 1kg 100g	용선: 950g	정아: 1010g

[답]

26 현정이는 저울을 사용하여 수첩과 공책의 무게를 재었습니다. 수첩의 무게는 580g이고 공책의 무게는 450g입니다. 어느 것이 더 무겁습니까?

[답]

27 선희의 몸무게는 36kg 500g이고, 가방의 무게는 3kg 200g입니다. 선희가 가방을 들고 잰 무게는 몇 kg 몇 g입니까?

[답]

28 인형이 들어 있는 상자의 무게는 5kg 400g입니다. 인형의 무게가 3kg 100g일 때 빈 상자의 무게는 몇 kg 몇 g입니까?

[답]

29 수진이네 집에서는 쌀을 지난달에 1kg 700g 사용했고, 이번 달은 지난달보다 800g 더 사용하였습니다. 수진이네 집에서 지난달과 이번 달에 사용한 쌀은 모두 몇 kg 몇 g입니까?

[답]

확인 학습

◆ **소수** ◆

1 $\frac{1}{10}$ 만큼 색칠하고 소수로 쓰고 읽어 보시오.

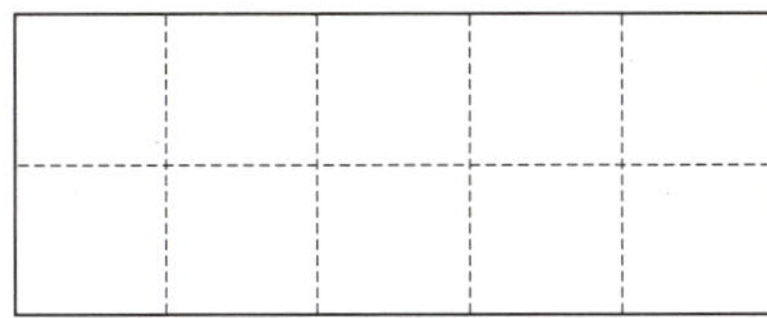

(쓰기) ________________ , (읽기) ________________

소수를 읽어 보시오. [2~3]

2 0.7 ➡ ________________

3 5.6 ➡ ________________

4 □ 안에 알맞은 소수나 분수를 써넣으시오.

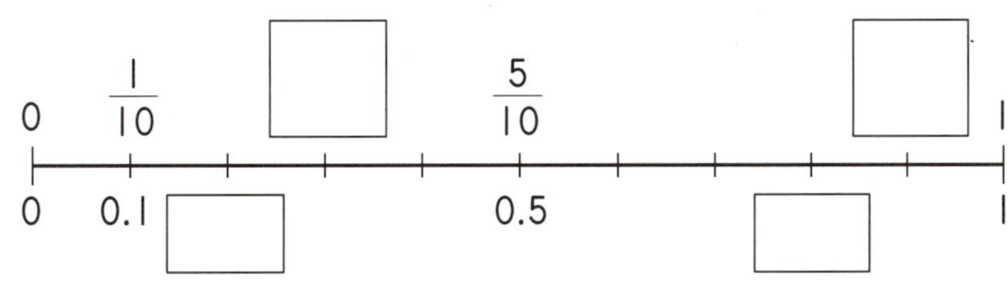

5 □ 안에 알맞은 수를 써넣으시오.

0.8은 0.1이 □ 개입니다.

6 □ 안에 알맞은 소수를 써넣고 읽어 보시오.

$$\frac{4}{10} = \boxed{}$$

(읽기) ______________________

7 □ 안에 알맞은 수를 써넣으시오.

$\frac{9}{10}$는 $\frac{1}{10}$이 □ 개이고, 0.9는 0.1이 □ 개입니다.

확인 학습

확인 학습

8 $\frac{1}{10}$ 이 3개인 수를 소수로 나타내면 얼마입니까?

[답]

9 소수로 나타내시오.

사점 칠

[답]

10 □ 안에 알맞은 소수를 써넣으시오.

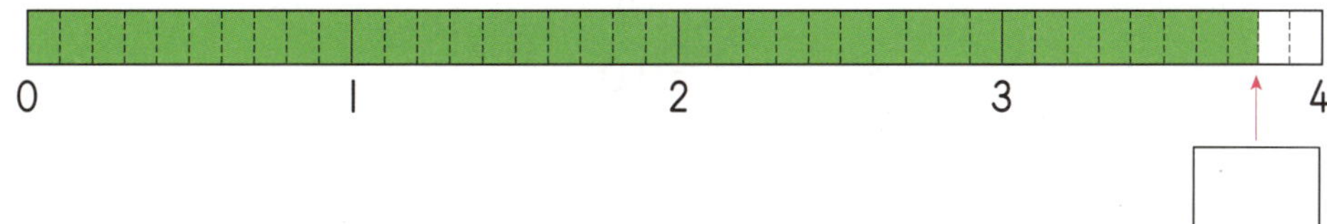

확인 학습

11 □ 안에 알맞은 수나 말을 써넣으시오.

> 0.1이 46개이면 [   ]이고 [   ]이라고 읽습니다.

 □ 안에 알맞은 소수를 써넣으시오. [12~13]

12 6mm = [   ] cm   **13** 5cm 3mm = [   ] cm

14 다음을 소수로 쓰고 읽어 보시오.

> 7과 $\frac{9}{10}$ 만큼인 수

(쓰기) _______________ , (읽기) _______________

확인 학습

확인 학습

15 소수의 크기만큼 색칠하고 비교하여 ○ 안에 >, =, <를 알맞게 써넣으시오.

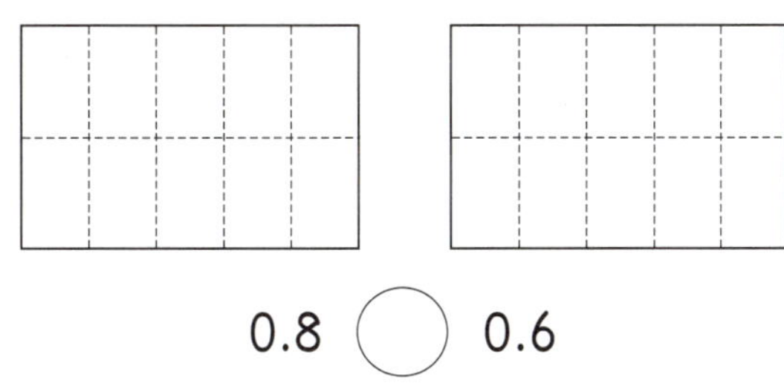

0.8 ◯ 0.6

두 수의 크기를 비교하여 ○ 안에 >, =, <를 알맞게 써넣으시오. [16~17]

16 1.5 ◯ 1.7

17 3.1 ◯ 2.2

18 더 큰 수에 ◯표 하시오.

| 0.1이 42개인 수 | $\frac{1}{10}$이 39개인 수 |

(   )   (   )

19 0.6보다 큰 소수를 모두 찾아 쓰시오.

0.8	0.6	1.2	0.4

[답] ___________________

20 수의 크기를 비교하여 큰 소수부터 차례로 쓰시오.

1.4	0.1	4.1	2.9

[답] ___________________

21 ☐ 안에 들어갈 수 있는 수를 모두 찾아 ○표 하시오.

1.7 < 1.☐ (5 , 6 , 7 , 8 , 9)

22 서연이는 참외를 똑같게 I0조각으로 나누어진 것 중에 4조각을 먹었습니다. 서연이가 먹은 참외는 전체의 얼마인지 소수로 나타내시오.

[답]

23 준규가 창문의 가로를 재어 보니 30cm보다 5mm 더 길었습니다. 창문의 가로는 몇 cm입니까?

[답]

24 물을 정수는 0.4L 마셨고, 효진이는 $\frac{3}{10}$L 마셨습니다. 누가 물을 더 많이 마셨습니까?

[답]

25 학교에서 국진이네 집까지의 거리는 1.2km이고 소라네 집까지의 거리는 1.5km입니다. 학교에서 누구네 집이 더 가깝습니까?

[답]

26 철호가 가지고 있는 철사의 길이는 9cm보다 0.2cm 더 길고, 정준이가 가지고 있는 철사는 9.1cm입니다. 누구의 철사가 더 깁니까?

[답]

27 진호는 피자 한 판을 10조각으로 똑같게 나누어서 전체의 $\frac{6}{10}$ 을 먹고, 나머지는 동생에게 주었습니다. 동생에게 준 피자는 전체의 얼마인지 소수로 나타내시오.

[답]

 확인 학습

창의력 학습

푸른 과수원에서 성수, 옥희가 사과를 포장하고 남은 사과를 각각 가져가기로 하였습니다. 누가 사과를 몇 개 더 많이 가져갈 수 있습니까?

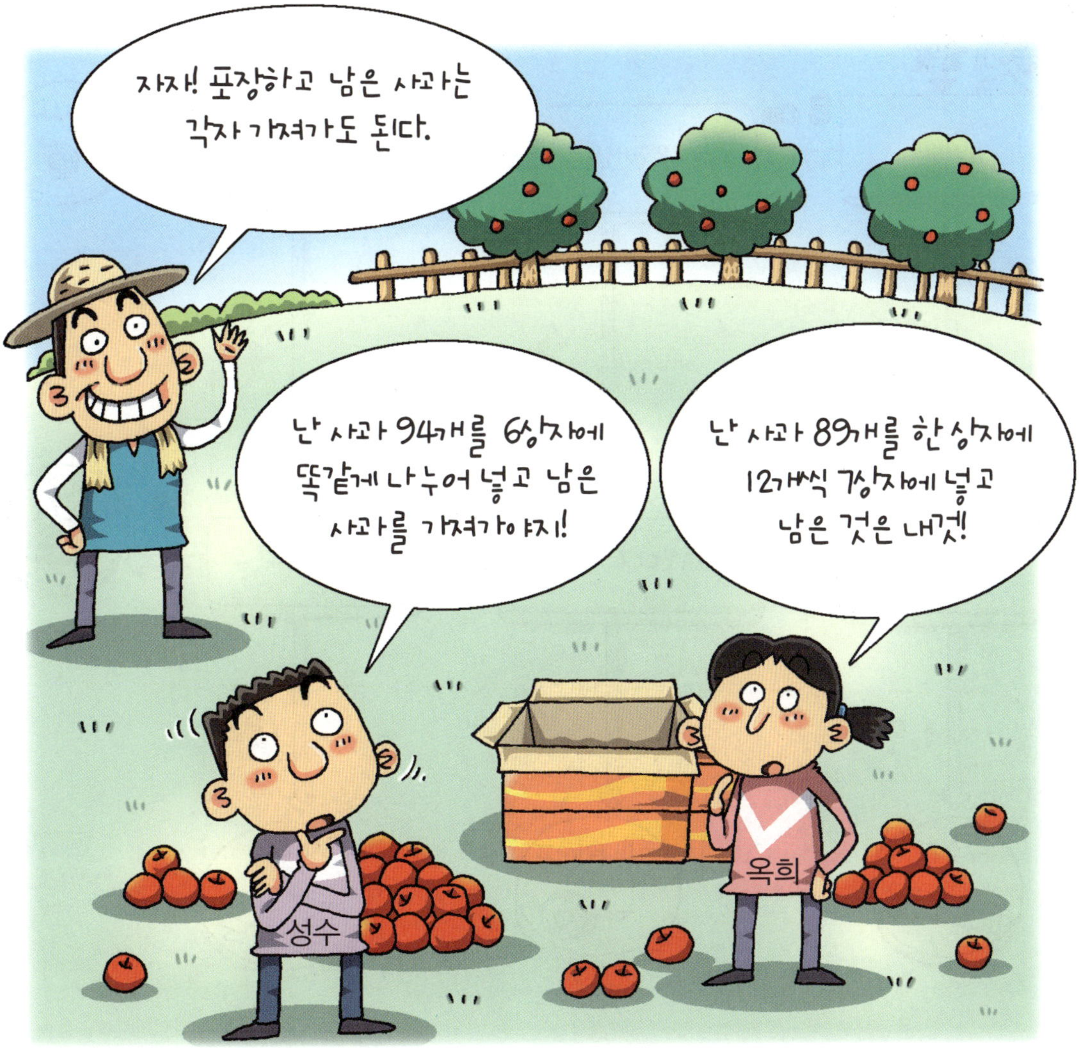

[답]

명랑이는 문제를 풀어 답을 찾아 가야 미술 시간에 필요한 준비물을 챙겨갈 수 있습니다. 미술 시간에 필요한 준비물은 무엇입니까?

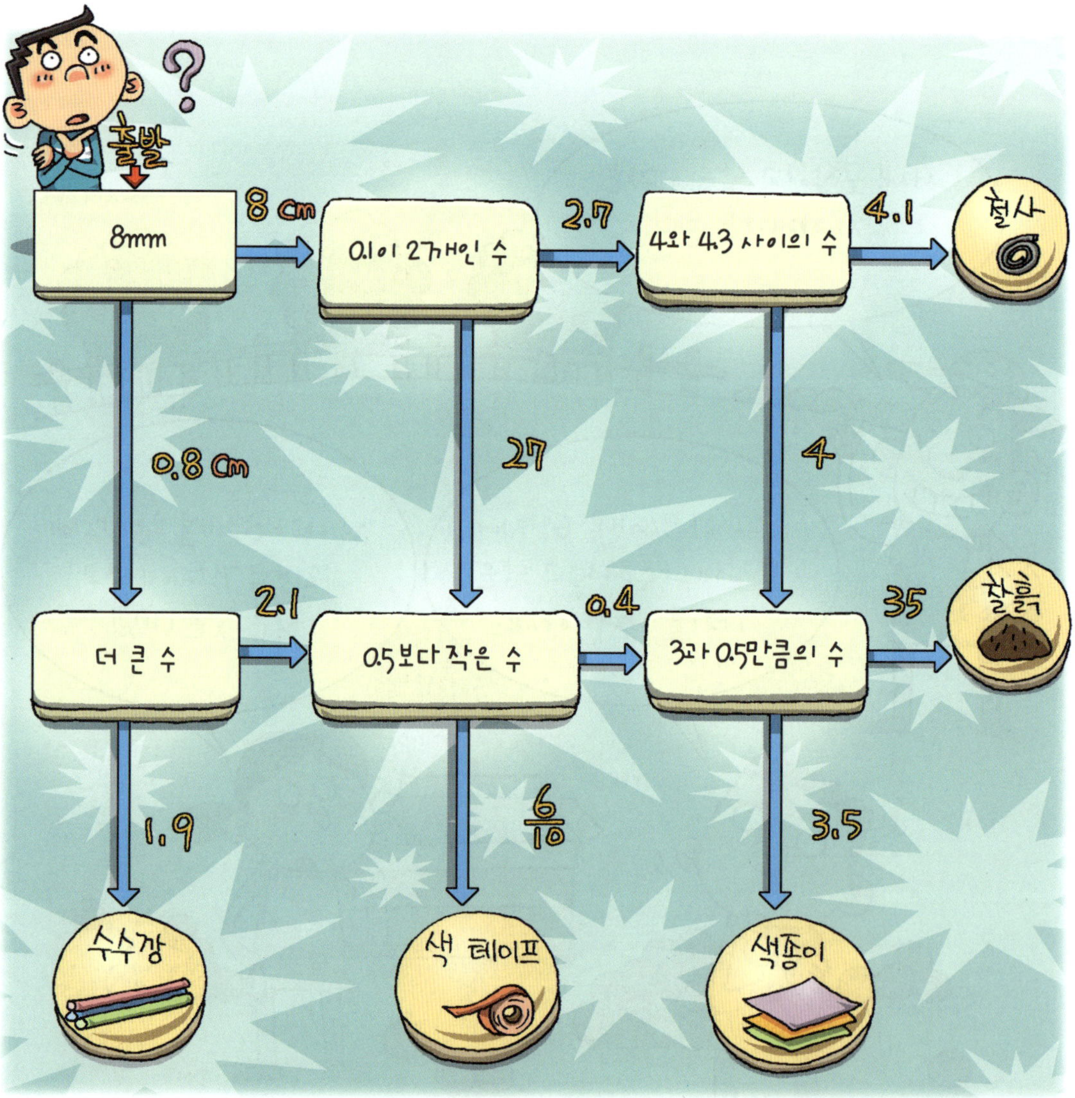

[답]

✚ 경시대회 예상문제

1 다음 숫자 카드 중 3장을 한 번씩 사용하여 두 자리 수를 만들고 남은 한 수로 나누었을 때 몫이 가장 작게 되는 나눗셈식을 쓰시오.

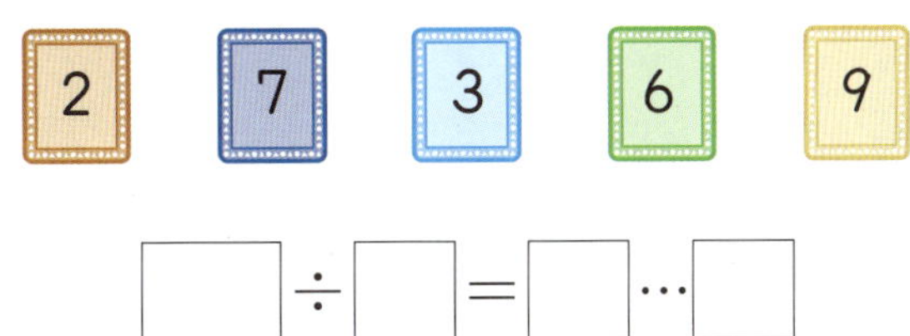

$$\boxed{} \div \boxed{} = \boxed{} \cdots \boxed{}$$

2 연필 38자루를 학생 한 명에게 5자루씩 나누어 주려고 합니다. 연필을 남김없이 모두 나누어 주려면 연필은 적어도 몇 자루 더 있어야 합니까?

[답]

 서술형·논술형

3 어떤 수를 4로 나누어야 할 것을 잘못하여 6으로 나누었더니 몫이 14, 나머지가 3이 되었습니다. 바르게 계산하면 몫과 나머지는 각각 얼마인지 풀이 과정을 쓰고 답을 구하시오.

(몫)   , (나머지)

4 다음 나눗셈의 나머지를 가장 크게 하려고 합니다. □ 안에 알맞은 수를 구하시오.

$$5\square \div 7$$

[답]

5 들이가 200mL인 컵으로 들이가 2L 600mL인 물통에 물을 가득 채우려면 몇 번 부어야 합니까?

[답]

6 크고 작은 두 그릇에 간장이 담겨져 있습니다. 큰 그릇은 작은 그릇의 2배로 간장이 있고 두 그릇에 있는 간장의 양은 모두 12L입니다. 작은 그릇에 있는 간장은 몇 L입니까?

[답]

7 바구니에 똑같은 크기의 공 4개를 담아 무게를 재었더니 3kg 800g이었습니다. 바구니만의 무게가 600g이라면 공 한 개의 무게는 몇 g입니까?

[답]

8 수박과 배의 무게의 합은 1kg 800g이고, 배와 감의 무게의 합은 900g입니다. 감의 무게가 300g이면 수박의 무게는 몇 kg 몇 g인지 풀이 과정을 쓰고 답을 구하시오.

[답]

9 주어진 조건에 맞는 소수 한 자리 수는 얼마입니까?

> • 0.1과 0.9 사이의 수입니다.
> • $\dfrac{3}{10}$ 보다 큰 수입니다.
> • 0.5보다 작은 수입니다.

[답]

10 I에서 **9**까지의 수 중에서 □ 안에 공통으로 들어갈 수 있는 수를 구하시오.

$$1.4 < 1.\square < 1.7$$
$$3.5 < 3.\square < 3.9$$

[답]

11 리본 I개를 만드는데 색 테이프 **8cm 4mm**가 필요합니다. 리본 **4**개를 만드는데 필요한 색 테이프는 몇 **cm**입니까?

[답]

12 수연이는 Im짜리 철사를 가지고 있었습니다. 그중에서 $\frac{2}{10}$m를 사용하고 나머지의 반은 동생에게 주었습니다. 남은 철사는 몇 m인지 소수로 나타내시오.

[답]

1 ☐ 안에 알맞은 수를 써넣으시오.

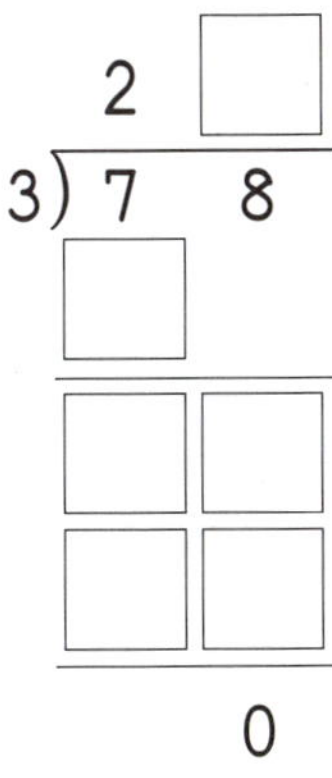

2 나눗셈의 몫의 크기를 비교하여 ◯ 안에 >, =, <를 알맞게 써넣으시오.

(1) $64 \div 2$ ◯ $93 \div 3$ (2) $72 \div 4$ ◯ $95 \div 5$

3 ☐ 안에 알맞은 수를 써넣으시오.

$90 \div 7 =$ ☐ $\cdots$ ☐ ➡ (검산) $7 \times$ ☐ $+$ ☐ $=$ ☐

4 다음 나눗셈의 나머지가 될 수 <u>없는</u> 것은 어느 것입니까? (　　　　)

□ ÷ 6

① 2　　　　② 5　　　　③ 4　　　　④ 7　　　　⑤ 1

5 정사각형의 네 변의 길이의 합이 48cm입니다. 이 정사각형의 한 변의 길이는 몇 cm입니까?

[답]

6 어떤 수를 7로 나누었더니 몫이 9이고 나머지가 3이었습니다. 어떤 수를 5로 나누면 몫과 나머지는 얼마입니까?

(몫)　　　　　　　　　　, (나머지)

7 4장의 숫자 카드를 한 번씩 사용하여 두 자리 수를 만들었을 때 3으로 나누어떨어지는 수를 모두 구하시오.

[답] ________________________________

8 □ 안에 알맞은 수를 써넣으시오.

(1) $2050mL + 4210mL = \boxed{}mL = \boxed{}L\boxed{}mL$

(2) $8L\ 300mL - 3500mL = \boxed{}L\boxed{}mL$

9 들이가 큰 것부터 차례로 기호를 쓰시오.

> ㉠ 1500mL ㉡ 1L 550mL
> ㉢ 2L 300mL ㉣ 3010mL

[답] ________________________________

10 일주일 동안 우유를 선주는 2L 600mL 마셨고 효현이는 선주보다 1L 100mL를 더 마셨습니다. 일주일 동안 효현이가 마신 우유는 몇 L 몇 mL입니까?

[답]

11 물통에 5L의 물이 있었습니다. 300mL의 컵으로 물을 가득 채워 7번 덜어냈습니다. 물통에 남아 있는 물은 몇 L 몇 mL입니까?

[답]

12 무게를 비교하여 ○ 안에 >, =, <를 알맞게 써넣으시오.

3kg 400g ○ 3040g

13 □ 안에 알맞은 수를 써넣으시오.

(1) 4kg 200g＋2kg 600g＝□ kg □ g

(2) 7600g－5800g＝□ g＝□ kg □ g

14 민정이는 무게가 5kg 700g인 책을 무게가 2kg 400g인 상자에 넣었습니다. 책을 넣은 상자의 무게는 몇 kg 몇 g입니까?

[답]

15 색칠한 부분을 소수로 나타내시오.

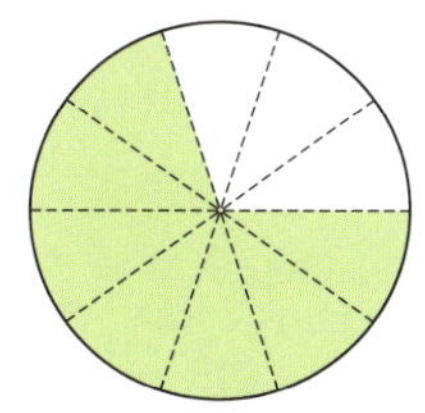

[답]

16 $\frac{1}{10}$ 이 8개인 수를 소수로 나타내면 얼마입니까?

[답]

17 □ 안에 알맞은 소수를 써넣으시오.

12cm 5mm = □ cm

18 작은 수부터 차례로 쓰시오.

$$\frac{5}{10} \qquad 0.7 \qquad 0.3 \qquad \frac{9}{10} \qquad 1$$

[답]

19 1에서 9까지의 수 중에서 □ 안에 들어갈 수 있는 수는 모두 몇 개입니까?

$$2.6 < 2.\square < 2.9$$

[답]

20 1L의 우유 중 진희는 0.2L를, 영주는 0.5L를, 윤서는 $\frac{1}{10}$L를 마셨습니다. 누가 우유를 가장 많이 마셨습니까?

[답]

사고력도 탄탄! 창의력도 탄탄!

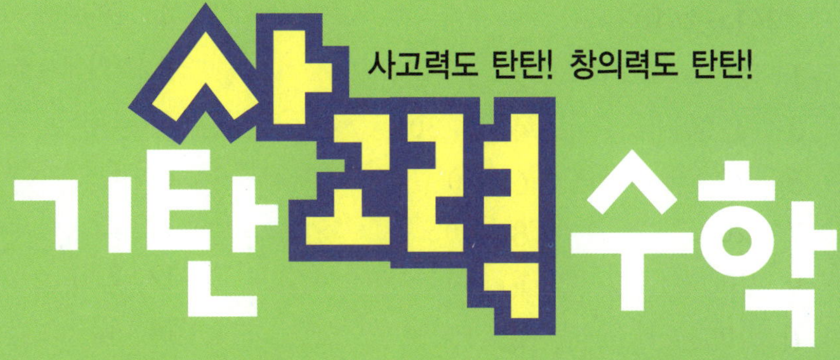
사고력
기탄 수학

해답

G241a~G300b

해답은 따로 보관하고 있다가
채점할 때 사용해 주세요.

※해답은 따로 보관하고 있다가 채점할 때 사용해 주세요.

241a~241b

1	20	2	1, 10
3	3, 30	4	3, 30
5	20	6	10
7	20	8	40
9	10	10	10
11	10	12	10
13	10	14	10

242a~242b

1 10 **2** 30

3 < **4** =

5 10배

풀이 나누는 수가 4로 같으므로 나눠지는 수가 10배인 40이면 몫도 10배가 됩니다.

6

7 ㉡

풀이 ㉠ $80 \div 4 = 20$
㉡ $60 \div 2 = 30$
㉢ $50 \div 5 = 10$
따라서 몫이 가장 큰 것은 ㉡입니다.

8 [식] $20 \div 2 = 10$
[답] 10명

풀이 (나누어 줄 수 있는 사람 수)
＝(전체 사탕 수)
÷(한 명에게 나누어 줄 사탕 수)

243a~243b

1 32

2 (위에서부터) 2, 1, 2, 10

3 (위에서부터) 2, 3, 2, 30

4 (위에서부터) 2, 1, 2, 10

5 (위에서부터) 2, 2, 2, 20

6	14	7	13
8	11	9	34
10	22	11	21
12	21	13	11
14	43	15	33

244a~244b

1 12

풀이 $36 \div 3 = 12$

2 43

풀이 $86 \div 2 = 43$

3 (○) ( )

풀이 $46 \div 2 = 23$, $88 \div 4 = 22$
따라서 나눗셈의 몫이 더 큰 것은 $46 \div 2$ 입니다.

4 ㉢

풀이 ㉠ $55 \div 5 = 11$ ㉡ $66 \div 6 = 11$
㉢ $84 \div 4 = 21$ ㉣ $77 \div 7 = 11$
따라서 몫이 다른 하나는 ㉢입니다.

5 ㉣

풀이 ㉠ $44 \div 2 = 22$ ㉡ $69 \div 3 = 23$
㉢ $99 \div 9 = 11$ ㉣ $82 \div 2 = 41$
따라서 몫이 30보다 큰 것은 ㉣입니다.

6 [식] $48 \div 4 = 12$
[답] 12개

풀이 (필요한 봉지 수)
＝(전체 귤의 수)
÷(한 봉지에 담을 귤의 수)

7 [식] $26 \div 2 = 13$
[답] 13명

풀이 (한 모둠의 학생 수)
＝(전체 학생 수)÷(모둠 수)

245a~245b

1 나머지 / 몫 **2** 2, 4 / 2, 4

3 6, 2 **4** 4, 3

5 8, 16, 1 **6** 7, 28, 1

7 6, 36, 3 **8** 7, 63, 5

9 7, 1 **10** 8, 3

11 5, 6 **12** 7, 4

246a~246b

1 ㉡, ㉣

풀이 ㉠ $43 \div 6 = 7 \cdots 1$
㉡ $36 \div 4 = 9$
㉢ $29 \div 8 = 3 \cdots 5$
㉣ $45 \div 9 = 5$

2

풀이 $22 \div 3 = 7 \cdots 1$, $37 \div 7 = 5 \cdots 2$

3 ㉠

풀이

$$\begin{array}{r} 5 \\ 8{\overline{)4\ 3}} \\ 4\ 0 \\ \hline 3 \end{array} \qquad \begin{array}{r} 9 \\ 5{\overline{)4\ 9}} \\ 4\ 5 \\ \hline 4 \end{array}$$

따라서 나머지가 더 작은 것은 ㉠입니다.

4 ( ) (○) (○) ( )

풀이 $13 \div 3 = 4 \cdots 1$, $6 \div 3 = 2$,
$21 \div 3 = 7$, $26 \div 3 = 8 \cdots 2$

5 ㉠, ㉣

풀이 나머지는 나누는 수보다 항상 작아야 합니다.

6 8, 4

풀이 $76 \div 9 = 8 \cdots 4$

7 4, 5, 9, 2 또는 4, 9, 5, 2

풀이 나머지는 나누는 수보다 항상 작아야 하므로 가장 큰 수인 9는 나머지가 될 수 없습니다.

247a~247b

1 3, 2 / 3, 2, 14

2 3, 4, 19 **3** 4, 1, 29

4 7, 1, 15 **5** 4, 7, 43

6 3, 3 / 3, 3, 15

7 9, 2 / 9, 2, 29

8 6, 4 / 6, 4, 46

9 4, 6 / 4, 6, 38

10 9, 45, 3 / 9, 3, 48

11 6, 36, 3 / 6, 3, 39

248a~248b

1 $9 \cdots 1$ / $4 \times 9 + 1 = 37$

풀이

$$\begin{array}{r} 9 \\ 4{\overline{)3\ 7}} \\ 3\ 6 \\ \hline 1 \end{array}$$

2 $8 \cdots 3$ / $7 \times 8 + 3 = 59$

풀이

$$\begin{array}{r} 8 \\ 7{\overline{)5\ 9}} \\ 5\ 6 \\ \hline 3 \end{array}$$

3 6, 2, $8 \times 6 + 2 = 50$

풀이

$$\begin{array}{r} 6 \\ 8{\overline{)5\ 0}} \\ 4\ 8 \\ \hline 2 \end{array}$$

4 39, 7, 5, 4

풀이 (나누는 수)$\times$(몫)$+$(나머지)
  $=$(나눠지는 수)
➡ (나눠지는 수)$\div$(나누는 수)
  $=$(몫)$\cdots$(나머지)

5 31

풀이 검산식을 이용하여 □의 값을 구합니다. □$= 4 \times 7 + 3 = 31$

6 $\boxed{7}$ / $\boxed{6}$ × $\boxed{7}$＋4＝46

$$\boxed{6}\,)\,4\;6$$
$$\underline{\boxed{4\;2}}$$
$$4$$

또는 $\boxed{6}$ / $\boxed{7}$ × $\boxed{6}$＋4＝46

$$\boxed{7}\,)\,4\;6$$
$$\underline{\boxed{4\;2}}$$
$$4$$

7   77

풀이 어떤 수를 □라 하면
□÷8＝9…5 ➡ □＝8×9＋5＝77

8   23개

풀이 (전체 사탕 수)÷3＝7…2
➡ (전체 사탕 수)＝3×7＋2＝23(개)

249a~249b

1   1 / 8, 16   **2**   14, 12

3   12, 8, 16, 16

4   17   **5**   16

6   14   **7**   17

8   14   **9**   18

10   29   **11**   18

250a~250b

1   39   **2**   16

3   >   **4**   ＝

5   36, 18

풀이 72÷2＝36, 36÷2＝18

6   17

풀이 92÷2＝46, 87÷3＝29
차: 46－29＝17

7   ㉡, ㉣, ㉠, ㉢

풀이 ㉠ 78÷6＝13   ㉡ 68÷4＝17
㉢ 84÷7＝12   ㉣ 80÷5＝16
따라서 ㉡>㉣>㉠>㉢입니다.

---

8   [식] 54÷3＝18
[답] 18명

풀이 (나누어 줄 수 있는 학생 수)
＝(전체 연필 수)
÷(한 명에게 나누어 줄 연필 수)

9   [식] 32÷2＝16
[답] 16일

풀이 (먹을 수 있는 날수)
＝(전체 달걀 수)
÷(하루에 사용하는 달걀 수)

251a~251b

1   2 / 4, 12, 1

2   18, 4, 4, 2

3   14, 7, 8

4   28, 1 / 28, 1, 57

5   13, 4 / 13, 4, 69

6   11, 6 / 11, 6, 83

7   12, 5 / 12, 5, 77

8   11, 4 / 11, 4, 92

252a~252b

1   24…2 / 3×24＋2＝74

풀이
$$3\,)\,7\;4$$
$$\underline{6}$$
$$1\;4$$
$$\underline{1\;2}$$
$$2$$

2   14…5 / 6×14＋5＝89

풀이
$$6\,)\,8\;9$$
$$\underline{6}$$
$$2\;9$$
$$\underline{2\;4}$$
$$5$$

3 (　　)(　○　)

> **풀이** $61 \div 5 = 12 \cdots 1$, $94 \div 4 = 23 \cdots 2$
> 따라서 나머지가 더 큰 것은 $94 \div 4$입니다.

4

$$7) \overline{9\ 2} \quad \begin{array}{r} 1\ 3 \\ \end{array}$$

> **풀이** 나머지가 나누는 수보다 크므로 몫을 1 크게 하여 나눗셈을 해야 합니다.

5 83

> **풀이** $75 \div 6 = 12 \cdots 3$, $84 \div 6 = 14$
> $83 \div 6 = 13 \cdots 5$, $93 \div 6 = 15 \cdots 3$
> 따라서 6으로 나누었을 때 나머지가 5인 수는 83입니다.

6 58

> **풀이** $\square \div 4 = 14 \cdots 2$
> $\square = 4 \times 14 + 2 = 58$

7 14, 3

> **풀이** $73 \div 5 = 14 \cdots 3$

8 9, 1

> **풀이** 어떤 수를 $\square$라 하면
> $\square \times 3 = 84$, $\square = 84 \div 3 = 28$
> 바르게 계산하면 $28 \div 3 = 9 \cdots 1$입니다.

253a~253b **창의력 학습**

a 현주

> **풀이** 지우: $66 \div 5 = 13 \cdots 1$
> 호영: $82 \div 5 = 16 \cdots 2$
> 미순: $78 \div 5 = 15 \cdots 3$
> 현주: $93 \div 5 = 18 \cdots 3$
> 정연: $51 \div 5 = 10 \cdots 1$
> 철호: $49 \div 5 = 9 \cdots 4$
> 나머지가 3인 미순과 현주 중에서 미순이가 빨간색 옷을 입었으므로 왕은 93을 뽑은 현주입니다.

b (위에서부터) 7, 3, 6, 2, 2

> **풀이**

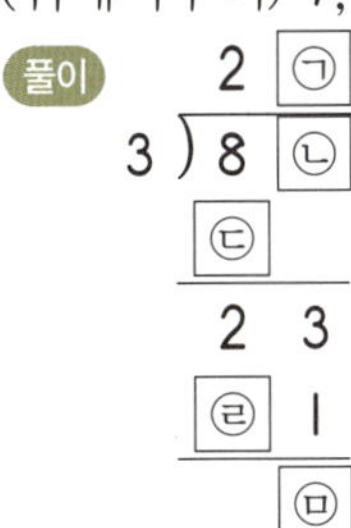

> $\boxdot = 3 \times 2 = 6$입니다.
> $8\boxdot - 60 = 23$이므로 $\boxdot = 3$입니다.
> 23에는 3이 7번 들어 있으므로 $\boxdot = 7$이고, $3 \times 7 = 21$이므로 $\boxdot = 2$입니다.
> $\boxdot = 23 - 21 = 2$입니다.

254a~255b **경시대회 예상문제**

1 18자루

> **풀이** 연필 6타는 $6 \times 12 = 72$(자루)입니다. ➡ (한 사람에게 나누어 줄 연필 수)
> $= 72 \div 4 = 18$(자루)

2 6

> **풀이** $46 \div \square = 7 \cdots 4$
> ➡ $\square \times 7 + 4 = 46$,
> $\square \times 7 = 42$, $\square = 42 \div 7 = 6$

3 13그루

> **풀이** 나무 수는 (간격 수)+1입니다.
> (필요한 나무 수)$= 96 \div 8 + 1 = 13$(그루)

4 8

> **풀이** $56 \div 2 = 28$, $56 \div 4 = 14$,
> $56 \div 7 = 8$, $56 \div 8 = 7$
> 따라서 가장 큰 한 자리 수는 8입니다.

5 9장

> **풀이** 한 학생에게 나누어 준 색종이 수를 $\square$장이라 하면 $58 \div \square = 6 \cdots 4$
> ➡ $\square \times 6 + 4 = 58$, $\square \times 6 = 54$,
> $\square = 54 \div 6 = 9$

6 몫이 가장 크게 되려면 가장 큰 두 자리 수를 가장 작은 한 자리 수로 나누어야 합니다. 가장 큰 두 자리 수는 87, 가장 작은 한 자리 수는 3입니다. 따라서 몫이 가장 크게 되는 나눗셈식은 $87 \div 3 = 29$입니다.
[답] $87 \div 3 = 29$

평가 기준	
상	가장 큰 두 자리 수와 가장 작은 한 자리 수로 식을 바르게 구한 경우
중	가장 큰 두 자리 수와 가장 작은 한 자리 수는 알지만 식을 바르게 구하지 못한 경우
하	풀이 과정과 식을 구하지 못한 경우

7 2개

풀이 $46 \div 6 = 7 \cdots 4$
나머지가 4개이므로 귤 6개를 만들려면 적어도 2개가 더 있어야 합니다.

8 어떤 수를 □라 하면
$\square \div 9 = 7 \cdots 5 \Rightarrow \square = 9 \times 7 + 5 = 68$
$68 \div 5 = 13 \cdots 3$
따라서 몫은 13, 나머지는 3입니다.
[답] 13, 3

평가 기준	
상	어떤 수를 구하고 답을 바르게 구한 경우
중	어떤 수는 구했지만 계산을 잘못하여 답이 틀린 경우
하	풀이 과정과 답을 구하지 못한 경우

9 69

풀이 7로 나누었을 때 나머지가 가장 큰 수는 6이므로 ●＝6입니다.
$★ \div 7 = 9 \cdots 6 \Rightarrow ★ = 7 \times 9 + 6 = 69$

10 3

풀이 8로 나누었을 때 나머지가 가장 큰 수는 7입니다.
6□÷8의 몫은 7 또는 8입니다.
$8 \times 7 + 7 = 63$, $8 \times 8 + 7 = 71$이므로
□＝3입니다.

11

```
      1 3
  6 ) 8 3
      6
      2 3
      1 8
        5
```

풀이 십의 자리 계산에서 8÷(나누는 수)의 몫이 1이고 내림이 있으므로 나누는 수는 5 또는 6 또는 7입니다.

$83 \div 5 = 16 \cdots 3$, $83 \div 6 = 13 \cdots 5$,
$83 \div 7 = 11 \cdots 6$
따라서 $83 \div 6 = 13 \cdots 5$입니다.

12 96

풀이 3으로 나누어떨어지는 두 자리 수는 12, 15, 18, ……, 93, 96, 99입니다.
4로 나누어떨어지는 두 자리 수는 12, 16, 20, ……, 88, 92, 96입니다.
따라서 3으로 나누어도, 4로 나누어도 나누어떨어지는 수 중에서 가장 큰 두 자리 수는 96입니다.

256a~256b

1 (1) 양동이 (2) 주전자

2 (2)(1)(3)

3 우유갑

4 ㉯, ㉮, ㉰

5 물병

6 ㉯

풀이 부은 횟수가 적을수록 그릇의 들이는 많습니다.

257a~257b

1 2000 **2** 6000

3 300, 1000, 300, 1300

4 800, 2000, 800, 2800

5 3600 **6** 7500

7 1 **8** 4

9 5 **10** 7

11 1, 1, 400

12 300, 2, 300, 2, 300

13 4, 900 **14** 8, 150

15 7, 160 **16** 9, 20

258a~258b

1 mL

2 L

3 l

4 300

5 3, 500

6 150

7 <

8 >

9 <

10 >

11 1200mL

12 주영

풀이 주영이가 마신 물: 4L 190mL
=4190mL
따라서 4190mL>4090mL이므로 주영이가 일주일 동안 마신 물이 더 많습니다.

259a~259b

1 l

풀이 1L 통의 반은 500mL입니다.
500mL씩 2통이므로 약 1L입니다.

2 3, 900

풀이 1L 600mL+2L 300mL
=3L 900mL

3 1, 600

풀이 3L 700mL−2L 100mL
=1L 600mL

4 6600, 6, 600

5 7900, 7, 900

6 8, 400

7 4900, 4, 900

8 8, 200

9 6, 100

260a~260b

1 2800mL

2 6900mL

3 8L 600mL

4 10L 400mL

5 3200mL

6 1300mL

7 3L 300mL

8 700mL

9 4L 900mL, 2L 100mL

10 >

풀이 2L 600mL+3L 200mL
=5L 800mL
4L 300mL+1L 400mL=5L 700mL
➡ 5L 800mL>5L 700mL

11 <

풀이 8L 700mL−4L 400mL
=4L 300mL
7L 800mL−3L 100mL=4L 700mL
➡ 4L 300mL<4L 700mL

12 1100

풀이 4L 900mL+□mL=6L
□mL=6L−4L 900mL=1100mL

261a~261b

1 민선

풀이 1L와 어림한 것의 차를 알아보면 지현이는 100mL, 민선이는 50mL, 정호는 100mL이므로 민선이가 가장 가깝게 어림하였습니다.

2 8L 500mL, 4L 300mL

풀이 들이가 가장 많은 것: 6L 400mL
들이가 가장 적은 것: 2100mL
합: 6L 400mL+2100mL
=8L 500mL
차: 6L 400mL−2100mL
=4L 300mL

3 5L 700mL

풀이 (수조에 들어 있는 물의 양)
=2L 500mL+3L 200mL
=5L 700mL

4 3L 200mL

풀이 (남아 있는 석유의 양)
=8L 800mL−5L 600mL
=3L 200mL

5 3L 600mL

풀이 (주스의 양)
=1L 500mL+2L 100mL
=3L 600mL

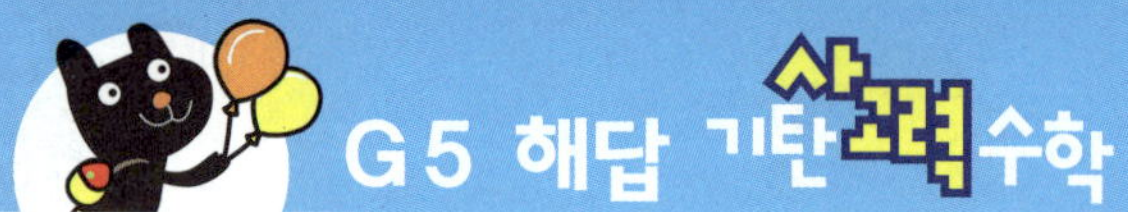

6 4L 200mL

풀이 (남아 있는 물의 양)
　　＝7L－2L 800mL＝4L 200mL

262a~262b

1 배

2 ㄹ, ㄴ, ㄱ, ㄷ

3 필통

4 (1) 20개　(2) 25개　(3) 감자, 5개

5 가위, 지우개, 18

263a~263b

1 g　　　　　**2** kg

3 kg　　　　**4** g

5

6 150　　　　**7** 600

8 1　　　　　**9** 1600

10 1, 200　　　**11** 1, 700

264a~264b

1 4000　　　　　　**2** 3

3 9000　　　　　　**4** 7

5 2, 700, 2000, 700, 2700

6 3000, 800, 3, 800, 3, 800

7 6200　　　　　　**8** 5, 400

9 8800　　　　　　**10** 9, 100

11 ＞　　　　　　　**12** ＝

13 ＜　　　　　　　**14** ＜

15 무

---

16 감자 한 상자

풀이 감자 한 상자의 무게는
2kg 150g＝2150g입니다.
따라서 2150g＞2050g이므로 감자 한
상자가 고구마 한 상자보다 더 무겁습니다.

265a~265b

1 배

풀이 어림한 무게와 실제 무게의 차이가
축구공은 40g, 배는 20g, 양파는 50g이
므로 실제 무게와 가장 가깝게 어림한 것
은 배입니다.

2 3, 900

풀이 1kg 700g＋2kg 200g
　　＝3kg 900g

3 1, 400

풀이 3kg 800g－2kg 400g
　　＝1kg 400g

4 3900, 3, 900

5 7800, 7, 800

6 7, 500

7 3300, 3, 300

8 6100, 6, 100

9 6, 400

266a~266b

1 3kg 900g　　　**2** 6kg 400g

3 7800g　　　　**4** 9kg 700g

5 4kg 200g　　　**6** 3kg 300g

7 6400g　　　　**8** 4kg 600g

9 8kg 800g, 2kg 400g

10 ＝

풀이 2kg 800g＋3kg 100g
　　＝5kg 900g
4kg 300g＋1kg 600g＝5kg 900g
➡ 5kg 900g＝5kg 900g

11 <

풀이 9kg 600g−5kg 400g
=4kg 200g
7kg 800g−3kg 500g=4kg 300g
➡ 4kg 200g< 4kg 300g

12 200, 4

풀이
6 kg ㉠ g
− ㉡ kg 700 g
─────────────
1 kg 500 g

1000+㉠−700=500, ㉠+300=500
㉠=500−300=200
6−1−㉡=1, ㉡=4

267a~267b

1 9kg 200g

풀이 정호가 모은 헌책의 무게:
5kg 500g
미나가 모은 헌책의 무게: 3kg 700g
5kg 500g+3kg 700g=9kg 200g

2 정호, 1kg 800g

풀이 정호가 5kg 500g−3kg 700g
=1kg 800g 더 많이 모았습니다.

3 5kg 700g

풀이 (밤과 감자의 무게의 합)
=2kg 600g+3kg 100g
=5kg 700g

4 2kg 500g

풀이 오늘은 어제보다 토마토를
7kg 800g−5kg 300g=2kg 500g
더 많이 땄습니다.

5 8kg 500g

풀이 (포도를 넣은 상자의 무게)
=6kg 700g+1kg 800g
=8kg 500g

6 2kg 200g

풀이 (가방의 무게)
=34kg 100g−31kg 900g
=2kg 200g

268a~268b 창의력 학습

a 예 ① 45L의 양동이로 물을 가득 채워 항
아리에 붓습니다.
② 항아리의 물을 11L의 양동이로 가득
채워 한 번 덜어냅니다.
③ 항아리의 물을 7L의 양동이로 다시 가
득 채워 두 번 덜어냅니다.

b 1kg 200g

풀이 호석이의 몸무게는 가방의 무게보다
31kg 800g 더 무거우므로
2kg 500g+31kg 800g=34kg 300g
입니다. 따라서 장난감의 무게는
38kg−2kg 500g−34kg 300g
=1kg 200g입니다.

269a~270b 경시대회 예상문제

1 ㉡, ㉢, ㉠

풀이 ㉠ 1L 800mL+3L 500mL
=5L 300mL
㉡ 8L 200mL−2L 300mL
=5L 900mL
㉢ 3L 200mL+2L 400mL
=5L 600mL
따라서 ㉡>㉢>㉠입니다.

2 2L

풀이 (석유 난로 탱크에 들어 있던 석유의 양)
=500mL×4
=2000mL=2L

3 7L 600mL

풀이 (남아 있는 물의 양)
=10L−1L 200mL−1L 200mL
=7L 600mL

4 12L 600mL

풀이 (형과 동생이 일주일 동안 마신 우유
의 양)=(1L×7)+(800mL×7)
=7L+5600mL
=7L+5L 600mL
=12L 600mL

※해답은 따로 보관하고 있다가 채점할 때 사용해 주세요.

5 (수형이네 집에 있는 식용유의 양)
$=2L-420mL-1L+1L\ 200mL$
$=1L\ 780mL$
[답] 1L 780mL

평가 기준	
상	식과 답을 바르게 구한 경우
중	식은 바르게 세웠지만 계산을 잘못하여 답이 틀린 경우
하	풀이 과정과 답을 구하지 못한 경우

6 1L

풀이 ㉮=㉯+㉯, ㉯=㉰+㉰,
㉰+㉰+㉰+㉰+㉰+㉰+㉰=7L
따라서 7×㉰=7L, ㉰=1L입니다.

7 ㉢

풀이 ㉠ 7kg 600g−3kg 900g
　　　=3kg 700g
㉡ 1kg 300g−1kg 800g=3kg 100g
㉢ 8kg 100g−5kg 500g=2kg 600g
따라서 3kg보다 가벼운 것은 ㉢입니다.

8 13kg

풀이 (어제와 오늘 사용한 밀가루의 무게)
　　　=5kg 700g+5kg 700g
　　　　+1kg 600g=13kg

9 1kg 200g

풀이 (도시락의 무게)
　　　=32kg 600g−29kg 800g
　　　　−1kg 600g=1kg 200g

10 500g

풀이 (떡 5개의 무게)
　　　=4kg 200g−1kg 700g
　　　=2kg 500g
500g×5=2500g이므로 떡 1개의 무게
는 500g입니다.

11 (배추)+(무)=2kg 100g
(무)+(호박)=2kg 400g
(호박)=1kg 600g
(무)=2kg 400g−1kg 600g=800g
(배추)=2kg 100g−800g=1kg 300g
[답] 1kg 300g

평가 기준	
상	식과 답을 바르게 구한 경우
중	식은 바르게 세웠지만 계산을 잘못하여 답이 틀린 경우
하	풀이 과정과 답을 구하지 못한 경우

12 1kg 400g

풀이 (파인애플 1통)=(사과 7개)
(사과 6개)=(멜론 2개)
(멜론 1개)=600g
(멜론 2개)=600g+600g=1200g
(사과 6개)=1200g, (사과 1개)=200g
(파인애플 1통)=200g×7=1400g
　　　　　　　=1kg 400g

271a~271b

1 $\dfrac{1}{10}$, 0.1

2 0.1, 영점 일

3 예

4 예

5 0.1

6 $\dfrac{1}{10}$cm, 0.1cm

272a~272b

1 $\dfrac{3}{10}$, 0.3

2 (위에서부터) $\dfrac{5}{10}$, $\dfrac{9}{10}$, 0.3, 0.4, 0.7, 0.8

3 0.5　　　　**4** 0.7

5 0.8　　　　**6** 0.6

273a~273b

1 2
2 5
3 7
4 9
5 0.3
6 0.4
7 0.6
8 0.8
9 0.3, 영점 삼
10 0.5, 영점 오
11 0.7, 영점 칠
12 0.2, 영점 이
13 0.9, 영점 구
14 0.8, 영점 팔
15 0.6, 영점 육
16 0.4, 영점 사

274a~274b

1 5, 5
2 7, 7
3 3, 3
4 9, 9
5 8, 8
6 $\dfrac{2}{10}$cm, 0.2cm
7 $\dfrac{8}{10}$cm, 0.8cm
8 $\dfrac{4}{10}$cm, 0.4cm
9 $\dfrac{6}{10}$cm, 0.6cm

275a~275b

1
2
3 0.7

풀이 $\dfrac{1}{10}$이 7개인 수 ➡ $\dfrac{7}{10}$＝0.7

4 16

풀이 영점 삼 ➡ 0.3, 영점 오 ➡ 0.5
영점 팔 ➡ 0.8
따라서 3＋5＋8＝16입니다.

5 0.3

풀이 지현이가 먹은 피자는 똑같게 10조각으로 나누어진 것 중에 3조각은 $\dfrac{3}{10}$이므로 0.3입니다.

4 4mm

풀이 0.1cm＝1mm이므로
0.4cm＝4mm입니다.

276a~276b

1 (1) 0.7 (2) 2.7
2 일점 팔
3 사점 구
4 2.6
5 5.4
6 2.4
7 3.5
8 4.7
9 2.6
10 4.2

277a~277b

1 1.7, 일점 칠
2 3.8, 삼점 팔
3 5.5, 오점 오
4 64, 육점 사
5 29, 이점 구
6 71, 칠점 일
7 1.3
8 2.5
9 5.2
10 4.8
11 3.7
12 8.9
13 6.1
14 5.6
15 7.4
16 9.5

278a~278b

1 0.8, 1.5, 2.9, 3.7, 4.6
2 9.7, 구점 칠

풀이 9와 $\dfrac{7}{10}$만큼인 수는 9와 0.7만큼인 수이므로 9.7입니다.

3 25, 2.5   **4** 8.4cm

5 3.4cm

6 5.6cm

풀이 식물의 키는 5cm보다 6mm 더 자란 것이므로 5cm 6mm＝5.6cm입니다.

279a~279b

1 ＞   **2** ＜

3 ＞   **4** 5, 7, ＜

5 8, 4, ＞   **6** 16, 13, ＞

7 39, 38, ＞   **8** 47, 51, ＜

280a~280b

1 예 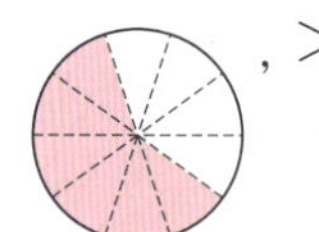 , ＞

2 예 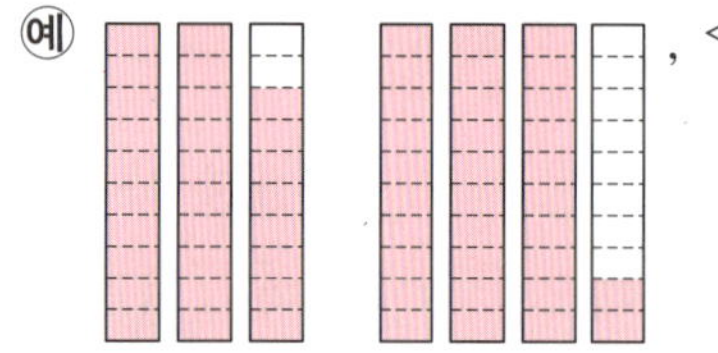 , ＜

3 0——————0.5————0.9—1 , ＜

4 ㉢

5 ＞   **6** ＞

7 ＞   **8** ＜

9 ＞   **10** ＞

11 ＜   **12** ＞

13 ＜   **14** ＜

281a~281b

1 ＜

풀이 0.1이 6개인 수: 0.6,
0.1이 9개인 수 : 0.9
➡ 0.6＜0.9

2 ＞

풀이 0.1이 34개인 수: 3.4,
0.1이 27개인 수: 2.7
➡ 3.4＞2.7

3 (   ) (○)

풀이 61mm＝6.1cm
➡ 5.8cm＜6.1cm

4 0.1, 0.4

풀이 0.1＜0.4＜0.5＜0.6＜0.7
따라서 0.5보다 작은 소수는 0.1, 0.4입니다.

5 5, 0.7

풀이 0.7＜3.4＜4.2＜5

6 3.7, 2.1, 1.8, 0.4

7 5.1, 4.6

풀이 2.4＜3.2＜4＜4.1＜4.6＜5.1
따라서 4.1보다 큰 수는 5.1, 4.6입니다.

282a~282b

1 수철   **2** 백화점

3 어제

풀이 어제: 110mm＝11cm
11cm＞9.9cm
따라서 어제 비가 더 많이 내렸습니다.

4 진수

풀이 진수: 9cm 8mm＝9.8cm
9.5cm＜9.8cm
따라서 진수가 가지고 있는 연필이 더 깁니다.

5 만호, 진규, 수희

풀이 수희: 29mm＝2.9cm,
만호: 3cm 3mm＝3.3cm
3.3cm＞3.1cm＞2.9cm

6 성희

풀이 8cm보다 0.4cm 더 긴 것은
8.4cm입니다. 8.4cm＞8.2cm
따라서 성희가 가지고 있는 색 테이프의
길이가 더 깁니다.

283a~283b 창의력 학습

a 예 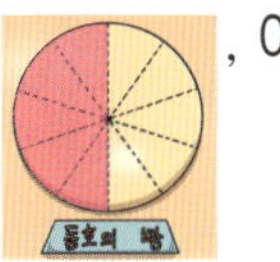 , 0.5

b (1) 0.2, 0.6, 0.9

(2) 흰색 말 검은색 말   갈색 말   회색 말

```
0   0.1  0.2  0.3  0.4  0.5  0.6  0.7  0.8  0.9 1km
```

(3) 회색 말, 갈색 말, 검은색 말, 흰색 말

284a~285b 경시대회 예상문제

1 0.3

풀이 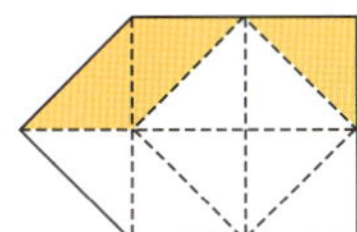

같은 크기의 삼각형으로 똑같게 나누면 모두 10개의 삼각형이 됩니다. 색칠한 부분은 전체를 똑같게 10개로 나눈 것 중의 3개이므로 $\frac{3}{10}=0.3$입니다.

2 7, 8, 9에 ○표

풀이 0.6<0.□에서 6<□이므로 □=7, 8, 9입니다.

3 1, 2, 3에 ○표

풀이 3.□<3.4에서 □<4이므로 □=1, 2, 3입니다.

4 4개

풀이 4.3<4.□<4.8이므로 3<□<8입니다. 따라서 □=4, 5, 6, 7로 모두 4개입니다.

5 8.7, 3.5

풀이 ▲가 클수록 큰 수입니다. 가장 큰 소수: 8.7, 가장 작은 소수: 3.5

6 3.2, 5.1, $\frac{8}{10}$, 1.9

풀이 $\frac{4}{10}=0.4$, $\frac{8}{10}=0.8$

0.3<0.4<0.5<0.8<1.9<3.2<5.1

따라서 0.5보다 큰 수는 3.2, 5.1, $\frac{8}{10}$, 1.9입니다.

7 0.6

풀이 $\frac{5}{10}=0.5$, 0.1과 0.9 사이의 수 중 0.5보다 큰 수는 0.6, 0.7, 0.8입니다. 이 중에서 0.7보다 작은 수는 0.6입니다.

8 ㉢, ㉣, ㉠, ㉡

풀이 ㉠ 2와 0.7만큼의 수 ➡ 2.7 ㉡ 2.9
㉢ 0.1이 23개인 수 ➡ 2.3
㉣ 2와 $\frac{4}{10}$인 수 ➡ 2.4
따라서 2.3<2.4<2.7<2.9입니다.

9 0.4, 0.5, 0.6, 0.7

풀이 0.1이 3개인 수 ➡ 0.3
$\frac{1}{10}$이 8개인 수 ➡ 0.8
0.3보다 크고 0.8보다 작은 소수 한 자리 수는 0.4, 0.5, 0.6, 0.7입니다.

10 직사각형의 가로는 3cm이고 세로는 가로보다 7mm 더 길므로 3cm 7mm입니다. 직사각형의 네 변의 길이의 합은
3cm+3cm 7mm+3cm+3cm 7mm
=13cm 4mm입니다.
따라서 13cm 4mm=13.4cm입니다.
[답] 13.4cm

평가 기준	
상	세로의 길이를 구하고 답을 바르게 구한 경우
중	세로의 길이는 구했지만 계산을 잘못하여 답이 틀린 경우
하	풀이 과정과 답을 구하지 못한 경우

11 그림을 똑같게 10칸이 되게 나눕니다.

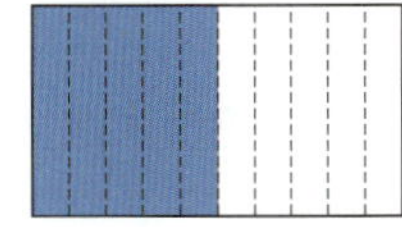

색칠된 부분은 전체 10칸 중 5칸을 나타내므로 분수로 나타내면 $\dfrac{5}{10}$입니다.

$\dfrac{5}{10}=0.5$이므로 $\dfrac{1}{2}$을 소수로 나타내면 0.5입니다.

[답] 0.5

평가 기준	
상	그림을 똑같게 10칸으로 나누어 답을 바르게 구한 경우
중	그림을 똑같게 10칸으로 나누었으나 계산을 잘못하여 답이 틀린 경우
하	풀이 과정과 답을 구하지 못한 경우

12 0.3

 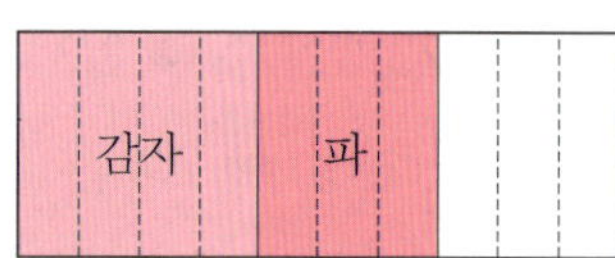

파를 심은 땅은 전체 10칸 중에 3칸이므로 $\dfrac{3}{10}=0.3$입니다.

13 0.1m

 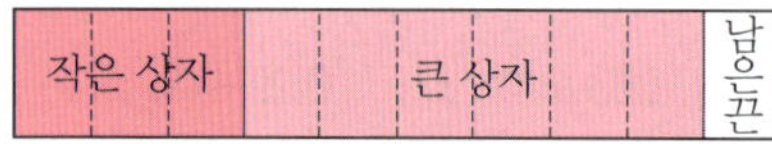

남은 끈은 $\dfrac{1}{10}$m이므로 0.1m입니다.

286a~289b

1 2, 20

2 21, 20, 1

3 23

4 4, 32, 7

5 ㉡, ㉢

풀이 ㉠ $34\div4=8\cdots2$ ㉡ $40\div8=5$ ㉢ $28\div7=4$ ㉣ $41\div6=6\cdots5$
따라서 나누어떨어지는 것은 ㉡, ㉢입니다.

6 9, 2, $3\times9+2=29$

7 12, 7, 14, 14

8 >

풀이 $72\div4=18$, $85\div5=17$
➡ $18>17$

9 ㉡

풀이 나머지는 나누는 수보다 항상 작아야 합니다.

10 39, 13

풀이 $78\div2=39$, $39\div3=13$

11 $23\cdots2$ / $4\times23+2=94$

풀이
$$\begin{array}{r} 23 \\ 4\overline{)94} \\ 8 \\ \hline 14 \\ 12 \\ \hline 2 \end{array}$$

12
$$\begin{array}{r} 19 \\ 5\overline{)97} \\ 5 \\ \hline 47 \\ 45 \\ \hline 2 \end{array}$$

13 (   )(○)(   )

풀이 $46\div3=15\cdots1$, $76\div7=10\cdots6$
$93\div8=11\cdots5$ 따라서 나머지가 가장 큰 것은 $76\div7$입니다.

14 80, 3, 26, 2

풀이 (나누는 수)×(몫)＋(나머지)
＝(나눠지는 수)
➡ (나눠지는 수)÷(나누는 수)
＝(몫)…(나머지)

15 ㉣, ㉡, ㉠, ㉢

풀이 ㉠ $99\div9=11$ ㉡ $94\div5=18\cdots4$
㉢ $51\div6=8\cdots3$ ㉣ $78\div4=19\cdots2$
따라서 몫이 큰 것부터 차례로 쓰면
㉣>㉡>㉠>㉢입니다.

16 87

풀이 $\square\div6=14\cdots3$
➡ $\square=6\times14+3=87$

17 35

풀이 9로 나누었을 때 나머지가 가장 큰 수는 8이므로 ●＝8입니다.
★＝$9\times3+8=35$

18

$$1\ 9$$
$$4\,)\,7\ 9$$
$$\quad 4$$
$$\quad 3\ 9$$
$$\quad 3\ 6$$
$$\qquad 3$$

풀이 십의 자리 계산에서 7에서 3을 빼면 4이므로 나누는 수는 4입니다.
$79 \div 4 = 19 \cdots 3$

19 14개

풀이 $42 \div 3 = 14$(개)

20 12분

풀이 한 시간은 60분이므로 문제집 한 쪽을 푸는데 $60 \div 5 = 12$(분)이 걸린 셈입니다.

21 10, 7

풀이 $87 \div 8 = 10 \cdots 7$

22 7, 1

풀이 연필 3타는 $3 \times 12 = 36$(자루)입니다. $36 \div 5 = 7 \cdots 1$

23 19, 4

풀이 어떤 수를 $\square$라 하면
$\square \div 8 = 12 \cdots 3$, $\square = 8 \times 12 + 3 = 99$
바르게 계산하면 $99 \div 5 = 19 \cdots 4$입니다.

24 25, 7, 3, 4

풀이 $57 \div 2 = 28 \cdots 1$, $75 \div 2 = 37 \cdots 1$
$72 \div 5 = 14 \cdots 2$, $27 \div 5 = 5 \cdots 2$
$52 \div 7 = 7 \cdots 3$, $25 \div 7 = 3 \cdots 4$

290a~293b

1 ㉮

2 꽃병

3 3900

4 7, 40

5 mL

6 L

7 >

8 8L 900mL

9 4L 500mL

10 1700

풀이 $\square$mL $+$ 3L 800mL
$=$ 5L 500mL
$\square$mL $=$ 5L 500mL $-$ 3L 800mL
$=$ 1700mL

11 6L

풀이 들이가 가장 많은 것: 3L 800mL
들이가 가장 적은 것: 2200mL
합: 3L 800mL $+$ 2L 200mL $=$ 6L

12 3L 700mL

풀이 1L 200mL $+$ 2L 500mL
$=$ 3L 700mL

13 3L 300mL

풀이 6L 800mL $-$ 3L 500mL
$=$ 3L 300mL

14 3L 900mL

풀이 5L 600mL $+$ 3L 200mL
$-$ 4L 900mL $=$ 3L 900mL

15 24L 385mL

풀이 45L $-$ 10L 650mL $-$ 9965mL
$=$ 24L 385mL

16 감, 2개

17 1, 400

18 3700

19 4, 900

20 ㉢, ㉠, ㉣, ㉡

풀이 ㉠ 6kg 600g ㉡ 6kg 60g
㉢ 6kg 900g ㉣ 6kg 90g
따라서 ㉢ $>$ ㉠ $>$ ㉣ $>$ ㉡입니다.

21 8kg 900g

22 4kg 300g

23 3kg 800g

24 $>$

풀이 3kg 200g $+$ 4kg 800g $=$ 8kg
5kg 100g $+$ 2kg 700g $=$ 7kg 800g
➡ 8kg $>$ 7kg 800g

25 정아

풀이 어림한 무게와 실제 무게의 차이가 준희 100g, 용선 50g, 정아 10g이므로 실제 무게와 가장 가깝게 어림한 사람은 정아입니다.

26 수첩

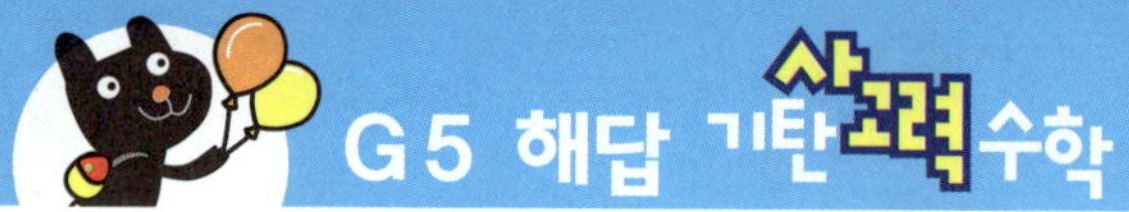

27 39kg 700g

풀이 36kg 500g＋3kg 200g
＝39kg 700g

28 2kg 300g

풀이 5kg 400g－3kg 100g
＝2kg 300g

29 4kg 200g

풀이 1kg 700g＋1kg 700g＋800g
＝4kg 200g

1 예

0.1, 영점 일

2 영점 칠

3 오점 육

4 (위에서부터) $\frac{3}{10}$, $\frac{9}{10}$, 0.2, 0.8

5 8

6 0.4, 영점 사

7 9, 9

8 0.3

9 4.7

10 3.8

11 4.6, 사점 육

12 0.6

13 5.3

14 7.9, 칠점 구

15 예

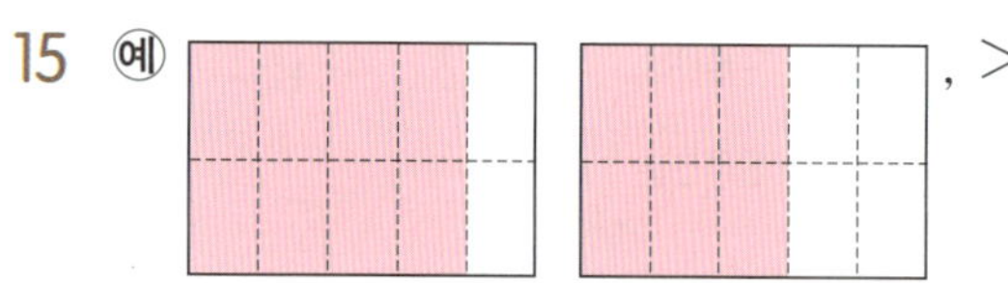
, >

16 <

17 >

18 (○)( )

풀이 0.1이 42개인 수는 4.2이고,
$\frac{1}{10}$이 39개인 수는 3.9입니다.
따라서 4.2>3.9입니다.

19 0.8, 1.2

풀이 0.4<0.6<0.8<1.2
따라서 0.6보다 큰 소수는 0.8, 1.2입니다.

20 4.1, 2.9, 1.4, 0.1

21 8, 9에 ○표

풀이 1.7<1.□에서 7<□이므로
□＝8, 9입니다.

22 0.4

풀이 서연이가 먹은 참외는 똑같게 10조
각으로 나누어진 것 중에 4조각이므로
$\frac{4}{10}$＝0.4입니다.

23 30.5cm

풀이 30cm보다 5mm 더 긴 것은
30cm 5mm이므로 30.5cm입니다.

24 정수

풀이 효진이가 마신 물: $\frac{3}{10}$L＝0.3L
따라서 0.4L>0.3L이므로 정수가 물을
더 많이 마셨습니다.

25 국진

26 철호

풀이 9cm보다 0.2cm 더 긴 것은 9.2cm
입니다. 따라서 9.2cm>9.1cm이므로
철호가 가지고 있는 철사가 더 깁니다.

27 0.4

풀이

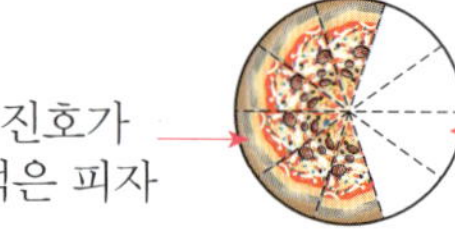

동생에게 준 피자는 전체의 $\frac{4}{10}$이므로 전
체의 0.4입니다.

a 옥희, 1개

풀이 성수의 남은 사과의 개수:
94÷6＝15…4이므로 4개
옥희의 남은 사과의 개수:
89－12×7＝5(개)
따라서 옥희가 1개 더 많이 가져갈 수 있습
니다.

b 색종이

풀이

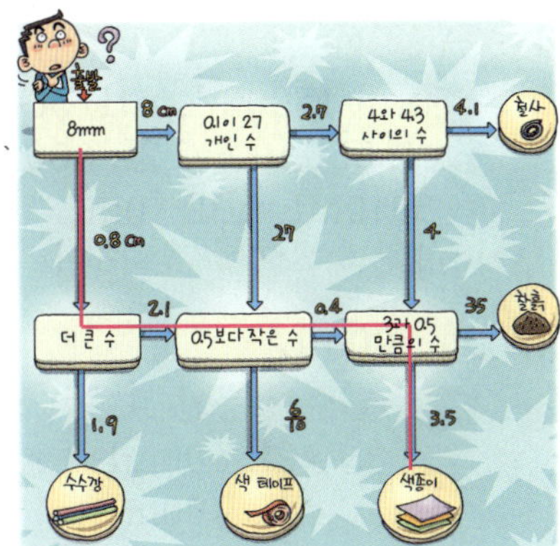

299a~300b 경시대회 예상문제

1 23, 9, 2, 5

풀이 몫이 가장 작게 되려면 가장 작은 두 자리 수를 가장 큰 한 자리 수로 나누어야 합니다.

➡ $23 \div 9 = 2 \cdots 5$

2 2자루

풀이 $38 \div 5 = 7 \cdots 3$

나머지가 3자루가 되므로 5자루를 만들려면 적어도 2자루가 더 있어야 합니다.

3 어떤 수를 □라 하면

$\square \div 6 = 14 \cdots 3$, $\square = 6 \times 14 + 3 = 87$

바르게 계산하면 $87 \div 4 = 21 \cdots 3$입니다.

따라서 몫은 21, 나머지는 3입니다.

[답] 21, 3

평가 기준	
상	어떤 수를 구하고 답을 바르게 구한 경우
중	어떤 수는 구했지만 계산을 잘못하여 답이 틀린 경우
하	풀이 과정과 답을 구하지 못한 경우

4 5

풀이 7로 나누었을 때 나머지가 가장 큰 수는 6입니다.

5□÷7의 몫은 7 또는 8입니다.

$7 \times 7 + 6 = 55$, $7 \times 8 + 6 = 62$이므로 $\square = 5$입니다.

5 13번

풀이 200mL의 10배는 2L이고 200mL의 3배가 600mL입니다. 따라서 물통을 가득 채우려면 들이가 200mL인 컵으로 13번 부어야 합니다.

6 4L

풀이 (큰 그릇에 있는 간장의 양)
 = (작은 그릇에 있는 간장의 양) × 2

작은 그릇에 있는 간장의 양의 3배는 12L입니다. 따라서 작은 그릇에 있는 간장의 양은 $12 \div 3 = 4$(L)입니다.

7 800g

풀이 (공 4개의 무게)
 = 3kg 800g − 600g = 3kg 200g

$800g \times 4 = 3200g$이므로 공 한 개의 무게는 800g입니다.

8 (수박) + (배) = 1kg 800g

(배) + (감) = 900g, (감) = 300g

(배) = 900g − 300g = 600g

(수박) = 1kg 800g − 600g = 1kg 200g

[답] 1kg 200g

평가 기준	
상	식과 답을 바르게 구한 경우
중	식은 바르게 세웠지만 계산을 잘못하여 답이 틀린 경우
하	풀이 과정과 답을 구하지 못한 경우

9 0.4

풀이 $\frac{3}{10} = 0.3$, 0.1과 0.9 사이의 수 중 0.3보다 큰 수는 0.4, 0.5, 0.6, 0.7, 0.8입니다. 이 중에서 0.5보다 작은 수는 0.4입니다.

10 6

풀이 $1.4 < 1.\square < 1.7$ ➡ $\square = 5, 6$

$3.5 < 3.\square < 3.9$ ➡ $\square = 6, 7, 8$

따라서 □ 안에 공통으로 들어갈 수 있는 수는 6입니다.

11 33.6cm

풀이 8cm 4mm + 8cm 4mm + 8cm 4mm + 8cm 4mm = 33cm 6mm
 = 33.6cm

12 0.4m

> **풀이** 그림을 10칸으로 나누어 봅니다.

사용한 철사	동생에게 준 철사	남은 철사	

남은 철사는 $\frac{4}{10}$m이므로 0.4m입니다.

G5 성취도 테스트

1 6, 6, 1, 8, 1, 8

2 (1) > (2) <

> **풀이** (1) $64 \div 2 = 32$, $93 \div 3 = 31$
> ➡ $32 > 31$
> (2) $72 \div 4 = 18$, $95 \div 5 = 19$
> ➡ $18 < 19$

3 12, 6 / 12, 6, 90

4 ④

> **풀이** 나머지는 나누는 수보다 항상 작아야 합니다.

5 12cm

> **풀이** (정사각형의 한 변의 길이)
> $= 48 \div 4 = 12(\text{cm})$

6 13, 1

> **풀이** 어떤 수를 □라 하면
> $\square \div 7 = 9 \cdots 3$ ➡ $\square = 7 \times 9 + 3 = 66$
> 바르게 계산하면 $66 \div 5 = 13 \cdots 1$입니다.

7 36, 45, 54, 63

> **풀이** 4장의 숫자 카드로 만들 수 있는 두 자리 수는 34, 35, 36, 43, 45, 46, 53, 54, 56, 63, 64, 65입니다.
> $34 \div 3 = 11 \cdots 1$, $35 \div 3 = 11 \cdots 2$,
> $36 \div 3 = 12$, $43 \div 3 = 14 \cdots 1$,
> $45 \div 3 = 15$, $46 \div 3 = 15 \cdots 1$,
> $53 \div 3 = 17 \cdots 2$, $54 \div 3 = 18$,
> $56 \div 3 = 18 \cdots 2$, $63 \div 3 = 21$,
> $64 \div 3 = 21 \cdots 1$, $65 \div 3 = 21 \cdots 2$
> 따라서 3으로 나누어떨어지는 수는 36, 45, 54, 63입니다.

8 (1) 6260, 6, 260 (2) 4, 800

9 ㉣, ㉢, ㉡, ㉠

> **풀이** ㉠ 1500mL = 1L 500mL
> ㉡ 1L 550mL ㉢ 2L 300mL
> ㉣ 3010mL = 3L 10mL
> 따라서 ㉣ > ㉢ > ㉡ > ㉠입니다.

10 3L 700mL

> **풀이** (일주일 동안 효현이가 마신 우유의 양) = 2L 600mL + 1L 100mL
> = 3L 700mL

11 2L 900mL

> **풀이** 300mL의 컵으로 7번 물을 덜어 내면 2100mL 덜어낸 것입니다.
> 5L − 2100mL = 2900mL = 2L 900mL

12 >

13 (1) 6, 800 (2) 1800, 1, 800

14 8kg 100g

> **풀이** (책을 넣은 상자의 무게)
> = 5kg 700g + 2kg 400g
> = 8kg 100g

15 0.7

> **풀이** 전체 10칸 중에 7칸이 색칠되어 있으므로 분수로 $\frac{7}{10}$, 소수로 0.7입니다.

16 0.8　　**17** 12.5

18 0.3, $\frac{5}{10}$, 0.7, $\frac{9}{10}$, 1

> **풀이** $\frac{5}{10} = 0.5$, $\frac{9}{10} = 0.9$
> 따라서 $0.3 < 0.5 < 0.7 < 0.9 < 1$입니다.

19 2개

> **풀이** $2.6 < 2.\square < 2.9$에서 $6 < \square < 9$이므로 □ = 7, 8입니다. 따라서 □ 안에 들어갈 수 있는 수는 모두 2개입니다.

20 영주

> **풀이** 윤서: $\frac{1}{10}$L = 0.1L

0.1L < 0.2L < 0.5L이므로 영주가 우유를 가장 많이 마셨습니다.